Herausgegeben von Uwe Lechner

Modellbahn
Träume

trans
press

Einbandgestaltung: Andreas Pflaum

Titelbild:
Ein Schienenbus der Reihe VT 95 verläßt
einen der zahlreichen Tunnel auf der Miniatur-
Schwarzwaldbahn des N-Bahn-Clubs Ortenau.
Aufnahme: Uwe Lechner

Rücktitelbild:
Mit einem gemischten Zug rumpelt 99 4712
auf der H0e-Anlage von Bertilo Nissel und
Detlev Hanschke durch das Zittauer Gebirge
in Richtung Oybin.
Aufnahme: Uwe Lechner

ISBN: 3-613-71117-6

© 1999 by transpress Verlag, Postfach 10 37 43
70032 Stuttgart
Ein Unternehmen der Paul Pietsch Verlage
GmbH+Co
3. Auflage 2002

Lektorat: Claus-Jürgen Jacobson
Innengestaltung: phg gmbh, Martinsried
Druck: Maisch & Queck, Gerlingen
Bindung: Dieringer, Gerlingen
Printed in Germany

Inhaltsverzeichnis

Vorwort

Die Schätze liegen im Keller oder auf dem Dachboden. Dort wachsen im Laufe der Zeit wahre Kunstwerke heran. Die Rede ist nicht von Gold oder Juwelen, sondern von der Modelleisenbahn. Ganz gleich, ob es sich bei dieser um ein kleines Brett mit einem Oval oder einer bis ins letzte Detail durchgestalteten Großanlage handelt, für die Besitzer ist sie in jedem Fall der größte Schatz. Das Modellbahn-Hobby endet aber nicht am eigenen Tellerrand. Es gibt nichts Schöneres – außer natürlich Bauen und Spielen auf der heimischen Anlage – als sich die Werke anderer genau anzusehen und dort Anregungen für die Gestaltung der eigenen Mini-Welt zu entdecken. Nachgebaut wird nur selten – Weiterentwickeln heißt die Devise. So kann sich jeder seinen individuellen Modellbahn-Traum ins Haus holen. Anlagenberichte in der Fachpresse sind dabei eine wichtige Quelle für neue Ideen.

Die Redaktion des »Modelleisenbahner« hat so manchen Schatz ans Tageslicht geholt. Dabei gibt es keinen Themenschwerpunkt; Ob H0, N oder TT, ob Reichsbahnzeit oder moderne Bahn, für den Modellbahner ist alles interessant. Auch dieses Buch bietet einen Querschnitt durch die verschiedenen Themengebiete. Gerade noch huschen ICE und IC über die Neubaustrecke in N, kurz darauf schlängelt sich ein H0e-Zug durchs romantische Schwaben-Dorf. Eines aber haben alle Anlagen gemeinsam: Sie sind der ganze Stolz ihrer Besitzer.

So geht mein Dank an die Hobbyfreunde, die dem transpress-Verlag ihre Schätze zur Verfügung gestellt haben und mit Rat und Tat sowie mit zahlreichen Tipps und Tricks die Anlagenberichte ermöglichten. Nicht zuletzt gebührt der Dank aber auch dem bewährten Team des »Modelleisenbahner«: Thomas Hanna-Daoud, Dr. Karlheinz Haucke und Hartmut Lange haben die Worte der Erbauer in Schriftform gebracht und so zu den Bildern die wichtigen Informationen geliefert.

Den Hobby-Modellbahnern wünsche ich bei der Lektüre dieses Buches viel Erfolg auf der Suche nach neuen Ideen, den Fans der kleinen Eisenbahnen viel Spaß beim Betrachten der Schätze aus Kellern und Dachböden.

Stuttgart, im Juli 2000   Uwe Lechner

Mit sonorem Dröhnen brummt der TEE-Triebzug der Reihe VT 11.5 über den Bahnübergang an der Schwarzwaldbahn.   Aufnahme: Uwe Lechner

Wirtschaftswunder in H0

von Uwe Lechner

Anno '65

(aus: meb 6/99; 7/99)

»Es müßte mal einer...«. In großen Lettern prangt der Wahlspruch über der Tür zwischen Club- und Anlagenraum. Die 15 aktiven Mitglieder der Modellbahngruppe des Bahn-Sozialwerks Stuttgart haben sich nicht lange mit Reden aufgehalten, sondern ihre Träume verwirklicht. Herausgekommen ist eine 140 Quadratmeter große H0-Anlage.

»Modellbahn '65« nennen die Eisenbahn-Fans ihr Projekt seit gut zwei Jahren. Mit dieser Bezeichnung und dem dazu passenden Logo wollen die Modellbahner Werbung in eigener Sache betreiben. »Wenn die Leute unseren Namen hören, sollen sie sofort wissen, um was es geht«, erklärt der erste Vorsitzende Hans-Peter Klein den für einen Modellbahnclub ungewöhnlichen Gedanken.

Und warum gerade Modellbahn '65? »Na ja, erstens wurde die Gruppe 1965 gegründet, und zweitens haben wir uns für die Epoche III entschieden. Unsere Anlage ist zeitlich Mitte der 60er Jahre angesiedelt«, antwortet der 48jährige.

»Die Gründer haben eine mutige Entscheidung getroffen. Mitten in den Märklin-Homelands – Göppingen liegt nur rund 40 Kilometer entfernt – haben sie sich für das Zweileiter-Gleichstrom-System entschieden«, erzählt Christoph Arends. Die Entscheidung war denkbar knapp: sieben zu sechs Stimmen für die Gleichstrom-Fraktion. Der 38jährige Lokführer war damals noch nicht dabei. Die Fol-

Nebenbahnromantik anno '65: Der »Bubikopf« 64 491 hat den Bahnhof Lossenheim verlassen und rumpelt nun mit seiner Holzfuhre nach Enzingen, wo weitere Wagen abzuholen sind.

gen dieser Wahl hat er aber an jedem Clubabend vor seinen Augen, denn er kümmert
sich um den Zweileiter-Fahrzeugpark.

Auch beim Anlagenkonzept gehen die Stuttgarter ihren eigenen Weg. »Als wir 1985 den
neuen Raum im Untergeschoß des Stuttgarter
Hauptbahnhofs bekommen haben, wurde ein
Anlagenwettbewerb unter den Mitgliedern
ausgeschrieben. Aus drei Vorschlägen haben
wir die Version von Rudolf Haubrich
gewählt«, schildert Hans-Peter Klein die Pla-
nungsphase. Herausgekommen ist eine Anlage, die sich in verschiedene Betrachterberei-
che unterteilt. Außen zeigen die Modellbahner eine elektrifizierte Vorortstrecke mit
Betriebswerk und Abstellbahnhof, im zungen-
förmigen Innenteil befindet sich eine zwei-
gleisige Hauptstrecke ohne Fahrdraht in länd-
licher Umgebung. Dort verläuft auch die eingleisige Nebenstrecke über Lossenheim –
einem zweigleisigen Bahnhof mit Holzverladung – zur Endstation Enzingen. Obwohl

genügend Platz zur Verfügung stand, verzich-
teten die Modellbahner auf einen großen
Hauptbahnhof. Denn der hätte selbst bei der
Raumgröße von über 200 Quadratmetern
zuviele Kompromisse erfordert. Wenig Eisenbahn in vorbildgetreuer Umgebung war den
Mitgliedern wichtiger.

Rudolf Haubrich hat nicht nur einen vorbildgetreuen Gleisplan entworfen, sondern auch
gleich die Baupläne für die Grundkonstrukti-
on. Diese ist in offener Rahmenbauweise aus
stabilen, abgelagerten Kanthölzern gefertigt.
Die Spanten bestehen ausschließlich aus zwölf
Millimeter starken Tischlerplatten. Schlechte
Erfahrungen mit zu dünnen Preßspanplatten
und verzogenen Holzlatten waren ausschlag-
gebend für die solide Bauweise. In der Pla-
nungsphase entstand auch ein 1:10-Modell
des riesigen Schattenbahnhofes. »Der Aufwand für das Modell hat sich gelohnt«, meint
Hans-Peter Klein lächelnd, »wir haben nämlich trotz der sorgfältigen Planung tatsächlich

*»Hoch die Tassen...« Der Bahnhofsvorsteher von Lossenheim ist auf den Bahnsteig getreten und wartet auf die Einfahrt
des Personenzuges. Die Sonntagsausflügler hingegen nehmen davon keine Notiz, sie dürstet vielmehr nach kühlem
Gerstensaft. Doch keine Bange, die Wirtin naht und bringt den ersehnten Trunk.*

»Güter gehören auf die Bahn« – Ein Großteil des Frachtaufkommens auf der Nebenbahn besteht aus Holz aus den umliegenden Wäldern und weil die Züge mitunter recht schwer sind, setzt die DB bei Bedarf auch die bullige T 16[1] ein.

Auf einen Blick

H0-Clubanlage nach Motiven aus dem süddeutschen Raum

Größe: ungefähr 140 Quadratmeter

Erbauer: Modellbahngruppe im Bahn-Sozialwerk Stuttgart

System: Zweileiter-Gleichstrom

Epoche: III, ca. 1965

Gleismaterial: Roco Messinggleis, 2,5 mm Profilhöhe

Rollendes Material: Verschiedene Zuggarnituren in Epoche III aus dem süddeutschen Raum

Besonderheiten: Trotz der großen Anlagenfläche haben sich die Modellbahner auf ein Nebenbahn- und ein Vorortmotiv beschränkt

Betrieb: Vollautomatische Blocksteuerung mit selbstentwickelter Elektronik auf der Hauptstrecke, Rangierfahrten und manueller Betrieb auf der Nebenstrecke

Bauzeit: Bisher rund 14 Jahre

noch zwei Fehler entdeckt!« Der in mehreren Ebenen angeordnete Schattenbahnhof wirkt mit seiner Gesamtlänge von 13 Metern imposant. Er steht in einem Nebenraum und ist für Besucher normalerweise nicht sichtbar. Im jetzigen Ausbaustadium faßt das hölzerne Monstrum rund 30 Zuggarnituren. Wenn die Block-Steuerung endlich ganz fertig ist, sollen es doppelt so viele sein.

Die Schaltung für den Schattenbahnhof ist ebenso eine Eigenentwicklung der Modellbahn '65-Mitglieder wie die gesamte Steuerung der Hauptstrecke. Dort läuft im Vorführbetrieb alles automatisch. Drei Mann im Club kümmern sich fast ausschließlich um die Elektronik. Von Hand gefahren und rangiert wird eigenlich nur auf der Nebenstrecke – bei Vorführungen sogar nach Fahrplan.

»Das genügt auch, an den Besuchertagen sind wir dann voll beschäftigt, den Fahrplan einzuhalten«, meint Gerhard Hammrich. Der stellvertretende Vorsitzende betont, daß es ums Fahren geht. »Am 9. August 1985 haben wir den Grundstein gelegt, und rund ein Jahr später rollten die ersten Züge«, zeigt er die Zielstrebigkeit der Aktiven auf. Rund 800 Meter Gleis liegen auf der Anlage und im Schattenbahnhof. Daß es sich dabei um das Messinggleis von Roco mit einer Profilhöhe von 2,5 Millimetern handelt, ist kaum zu sehen.

Gefahren wird bei der Modellbahn '65 nicht, was gefällt, sondern streng Epoche III. »Wir setzen alles ein, was beim Vorbild im süddeutschen Raum Mitte der sechziger Jahre gelaufen ist«, erklärt Christoph Arends. Die Gäubahn Stuttgart–Singen, die Strecke zwischen Ulm und Friedrichshafen und die Gegend um Crailsheim fanden dabei besondere Beachtung als Vorbilder für die Zugzusammenstellungen. Der Fahrzeugtechniker der Modellbahn '65 kann über Arbeitsmangel nicht klagen, denn das gesamte rollende Material, das für den Vorführungsbetrieb nötig ist, gehört dem Club. Und die Fahrzeuge müssen auch längere Laufzeiten störungsfrei absolvieren. Christoph Arends hat so seine Tricks, wenn es um die Modellpflege geht: »Als erstes muß die Brünierung runter. Denn sonst gibt es ständig Funken und es bleibt immer ein Schmierfilm auf der Schiene. Außerdem fahren wir ohne Haftreifen. Bei maximal einem Prozent Steigung auf der Hauptbahn ist das kein Problem«. Den überzeugenden Beweis für diese These gibt der fast acht Meter lange Güterzug mit O-Wagen, der mit einer 44 von Roco ohne Haftreifen die Steigung erklimmt.

Auch der Wagenpark bereitet Christoph Arends Arbeit. Denn viele Güterwagen sind beladen und gealtert. Außerdem erhalten Wagen, mit denen rangiert werden soll, eine Fleischmann-Bügelkupplung. Deren Höhe muß exakt eingestellt sein, damit das Kuppeln ohne Kraft möglich ist. Personenzüge und Güterwagenganzzüge haben nur an den Enden eine Bügelkupplung, für die Verbindung zwischen den Wagen sorgen Kurzkupplungen.

Auch wenn die meisten Modellbahner ein Spezialgebiet haben, besteht keine feste Arbeitseinteilung. »Jeder macht das, woran er Spaß hat. Es gibt keinen Zwang, man kann auch einen Clubabend nur reden, es ist schließlich unser Hobby«, erklärt Hans-Peter Klein. Sein Vize Hammrich schränkt die Aussage grinsend ein: »Stimmt nicht ganz, Geschirr spülen muß jeder!«

Daß es den Bauherren der Modellbahn '65 Spaß macht, sieht man an zahlreichen Details. Denn trotz der großzügigen Landschaftsgestaltung achteten sie auf die Kleinigkeiten. So kurbelt der arme Bauer gerade seinen Lanz-Bulldog an, in der Bahnhofswirtschaft von Lossenheim herrscht reges Treiben und an der Holzverladung stehen die Preiserlein und warten auf Arbeit. Die beiden Einfamilienhäuser beim Bahnhof Lossenheim erhielten Garagen und eine realistische Gartengestaltung. Das Empfangsgebäude entstand übrigens aus einem Kibri-Bausatz.

Auch die Strecken fügen sich harmonisch in die leicht hügelige Landschaft ein. Bei den Bauwerken orientierten sich die Modellbahner an konkreten Vorbildern, ohne sie akribisch nachzubilden. So steht das Original der kleinen Brücke über die Straße in der Nähe von Fichtenberg an der Murrtalbahn von Backnang nach Schwäbisch Hall, und der große Buchwald-Viadukt findet im Schwarzwald sein Vorbild. Er besteht aus einem Holzgerüst, das mit handelsüblichen, nachträglich eingefärbten Mauerplatten aus Kunststoff verkleidet wurde.

Den Fernverkehr hat anno '65 bereits weitge-
hend die Dieseltraktion im Griff. Mit das
modernste, was die Bundesbahn damals zu
bieten hatte, war die legendäre V 200, die mit
mächtigem Gedröhn gerade den Tunnel verläßt.

Der »Starzug« auf der
Hauptbahn ist der täglich
verkehrende TEE-Triebzug
der Reihe VT 11.5, der die
malerische Region freilich
ohne Halt durcheilt. So
bleibt den »erstklassigen«
Reisenden des eleganten
Fernzuges auch nur ein
kurzer Blick vom Buch-
wald-Viadukt hinab ins Tal.

»TEE 27 Bk Lo durch plus drei...« Der Wärter in der Blockstelle Losseneck hat alles im Blick. Während er den verspäteten TEE weitermeldet, beobachtet er von seinem blumengeschmückten Balkon die Strecke, damit ihm auch ja nichts entgeht.

Die Roco-Gleise liegen in einem Gemisch aus verschiedenen Schottersorten. Ein dezenter Farbüberzug sorgt für die richtige Betriebsverschmutzung. Dabei haben die Epoche-III-Bahner sogar an den Bremsstaub an der Gefällstrecke gedacht! Das Weinert-Signal an der Blockstelle Losseneck weist auch die dazugehörigen Seilzüge auf. Der Widerstandsdraht stammt von einer Relaisspule und besitzt bereits die schmutzig-graue Farbe. Daß dieser Detailreichtum Zeit kostet, zeigt die Tatsache, daß erst der Nebenbahnteil und das dort verlaufende Stück der Hauptstrecke fertiggestellt sind.

Und weil die Schwaben zwar gerne auf ihren Zweileiter-Gleichstrom-Gleisen fahren, aber noch viel lieber rangieren, haben sie ihrer Nebenbahn auch noch einen Kopfbahnhof verpaßt. Neben dem Personenverkehr bereitet vor allem das Güteraufkommen dem Fahrdienstleiter viel Kopf-Arbeit. Für Enzingen, so heißt die Endstation der Nebenstrecke, stand den Modellbahnern eine Fläche von 4,5 mal 1,2 Metern zur Verfügung. Und trotz der Länge mißt das einzige Bahnsteiggleis gerade einmal 120

»Schade, keine Dampflok...« Weil die planmäßige 64 ausgefallen ist, muß der Lokspäher mit der V 100 1064 vorliebnehmen. Doch weil er nun schon einmal da ist, drückt er halt dennoch auf den Auslöser, als der Personenzug in den Bahnhof Enzingen einfährt.

Weil der Zug nur langsam über die Einfahrweichen rumpelt, reicht es sogar noch, den Aufnahmestandort zu wechseln. Unbeirrt vom einfahrenden Personenzug und dem fotografierenden Eisenbahnnarren wird derweil im Hof der Enzinger Brennstoffhandlung mit Händen und Füßen diskutiert.

Zentimeter. Genug für eine V 100 mit drei Silberlingen oder die 86 mit vier Umbau-Dreiachsern. Diese typischen Epoche-III-Garnituren reichen für das Fahrgastaufkommen an einem Bahnhof dieser Größenordnung aus.

Rudolf Haubrich betont, daß »ein richtiges Gleisvorfeld wichtiger ist als Bahnsteiglänge. Wir wollen schließlich interessanten Rangierbetrieb machen. Lange Garnituren fahren auf unserer Paradestrecke«. Der Gleisplan von Enzingen ist frei erfunden, könnte aber von einer Endstation im süddeutschen Raum stammen. Die einfache Ausführung hat noch einen weiteren Vorteil für die betriebsorientierten H0-Fans: »Wegen der sparsamen Signalisierung könnte die ganze Strecke auch einer Privatbahn gehören. Dann kommt sogar eine Übergabe als zusätzlicher Fahraufwand dazu«, erläutert der Chefplaner der Modellbahn '65 die Idee. Schon der Personenzugverkehr ist arbeitsintensiv. Wenn ein lokbespann-

ter Zug in Enzingen eintrifft, müssen die Wagen zum Umsetzen ins Gleisvorfeld gedrückt werden. Nur bei Triebwagen wie dem VT 98, der natürlich auf keiner Nebenbahn Mitte der 60er Jahre fehlen darf, geht die Abfertigung zur Rückfahrt zügig vonstatten. Das Hauptaugenmerk der Stuttgarter ruht aber auf dem Güterverkehr. So liegt das Verhältnis zwischen Güter- und Personenzuggleisen bei vorbildgetreuen 3:1. Bei Vorführungen gibt es in Enzingen noch nicht einmal eine Ortsrangierlok. Dann muß der zuständige Modell-Fahrdienstleiter die Wagen mit der Zuglok in die entsprechenden Gleise bugsieren. Bei maximal acht Waggons, die dann in Enzingen eintreffen, dauert das seine Zeit. »So ist bei uns immer etwas los im Bahnhof und die Leute sehen nicht nur Züge vorbeirauschen«, erklärt Hans-Peter Klein einen weiteren Grund für die gewählte Ausführung der Endstation.

Reger Betrieb herrscht unterdessen auch auf dem Bahnhofsvorplatz in Enzingen. Und dennoch – verglichen mit der heutigen Zeit war damals der Autoverkehr noch recht übersichtlich. Der Fuhrpark würde heute jedem Automuseum zur Ehre gereichen: Neben einem Mercedes-Bus macht sich ein Opel Blitz als Getränkespediteur nützlich, während eine Ford »Badewanne« und ein NSU-Prinz für den Individualverkehr zuständig sind.

Mitten im Wald liegt der Haltepunkt Buchwald: Ein Bahnsteig, ein hölzerner Unterstand und ein Aushangfahrplan bilden die klassische Minimalausstattung einer Haltestelle an einer DB-Nebenbahn.

Damit die Rangierbewegungen vorbildgetreu aussehen, sind einige Entkuppler in den Gleisen notwendig. Denn ein Eingriff von Hand kommt nicht in Frage, schon gar nicht bei einer Vorführung – da sind sich alle Mitglieder einig. »Solange es keine digital gesteuerte Preiser-Figur gibt, die an jeder beliebigen Stelle den Zug trennt, setzen wir auf unsere Entkuppler«, stellt Vize-Vorstand Gerhard Hammrich schmunzelnd klar. Weil die Industrieprodukte die strengen Forderungen der Modellbahner nicht erfüllen konnten, entwickelten sie eine eigene Version. »Bei uns hebt ein Motor die kaum sichtbare Platte zwischen den Gleisen an«, erklärt Christoph Arends. »Das geht leise und ohne Ruck, Magnetentkuppler werfen ja manchmal die Wagen aus dem Gleis«, fügt der Fahrzeugtechniker der Modellbahn '65 hinzu. Er weiß nicht nur über solche Details Bescheid.

Jetzt ist die Welt wieder in Ordnung. Der »Bubikopf« ist repariert und hat das Regiment auf der Nebenbahn wieder übernommen. Und zur besonderen Freude des Fotografen hat Maschine statt der Umbaudreiachser dieses Mal die Donnerbüchsen-Garnitur am Haken, als sie in Lossenheim einläuft.

Bevor der Güterwagen auf die Reise geht, muß er auf die selbstgebaute Gleiswaage: Ordnung muß sein, schließlich muß der Transport richtig abgerechnet werden.

Wie der Gleisplan ist auch die Betätigung der Entkuppler bis ins letzte Detail durchdacht. »Über einen Drehschalter am Stelltisch wähle ich den gewünschten Entkuppler vor«, erklärt der 38jährige. »An unserem *Walk-around-Control* ist eine Taste, mit dem ich den Trennungsvorgang auslöse. So kann ich mit dem Fahrregler in der Hand genau an die richtige Stelle rangieren und dann entkuppeln. Einfacher geht's nicht«, fügt er hinzu.

Bei der Steuerung ihrer Modellbahn vertrauen die Bundesbahner auf konventionelle Technik. Die meisten Gleise sind in zwei Abschnitte aufgeteilt, die per Schalter mit Strom versorgt werden. »Und das ist eigentlich schon zuviel«, erklärt Rudolf Haubrich, »denn meistens rangieren wir ja sowieso nur mit der Zuglok«.
Um das hohe Güteraufkommen in Enzingen zu rechtfertigen, spendierten die Erbauer der

Das könnte teuer werden... Parken im Parkverbot dürfte auch Mitte der 60er Jahre auf wenig Gegenliebe seitens der Ordnungshüter gestoßen sein, zumal, wenn der Falschparker so offensichtlich gegen die StVO verstößt.

Modellbahn '65 dem Bahnhof nicht nur die Laderampe an der Güterabfertigung und das Freiladegleis, sondern auch eine Kopframpe, an der so mancher Traktor von der Schiene auf die Straße gelangt. Das Raiffeisen-Lagerhaus darf im ländlichen Raum Süddeutschlands natürlich nicht fehlen. Im Bereich der Bahnhofsausfahrt liegt zudem eine Brennstoffhandlung, die über einen eigenen Gleisanschluß verfügt. Holz, Kohle und Öl wurden eben in den 60er Jahren noch per Bahn angeliefert. In dem kleinen Schattenbahnhof zwischen Enzingen und dem Haltepunkt Buchwald ist zudem noch ein Stumpfgleis vorhanden, das einen imaginären Gleisanschluß bildet. Dort kann der Fahrdienstleiter auch ein paar Güterwagen abstellen.

Aus der guten alten Dampflokzeit stammt die kleine Lokbehandlungsanlage. Der Lokschup-

pen von Kibri erhielt einen kleinen Wasserturm-Aufbau. Für die Bekohlung sorgt ein Fuchs-Bagger, der auch bei Bedarf die Schlacke-Grube leert. Falls sich doch einmal die Köf nach Enzingen verirren sollte, kann sie ihren Dieselkraftstoff an der kleinen Tanksäule zapfen.

Trotz der großen Ausmaße ihrer Anlage haben die Modellbahner an die vielen Details rund ums Gleis gedacht. So fehlen weder eine Gleiswaage noch das Lademaß. Das Tor der Brennstoffhandlung läßt sich motorisch öffnen und an der großzügig gestalteten Umgehungsstraße bildet sich hinter dem langsam schleichenden Tanklastzug eine kurze Autoschlange. Auch am Platz vor dem Empfangsgebäude, das übrigens aus zwei Kibri-Bausätzen »Reichelsheim« entstanden ist, wirkt alles stimmig. »Das war nicht immer so«,

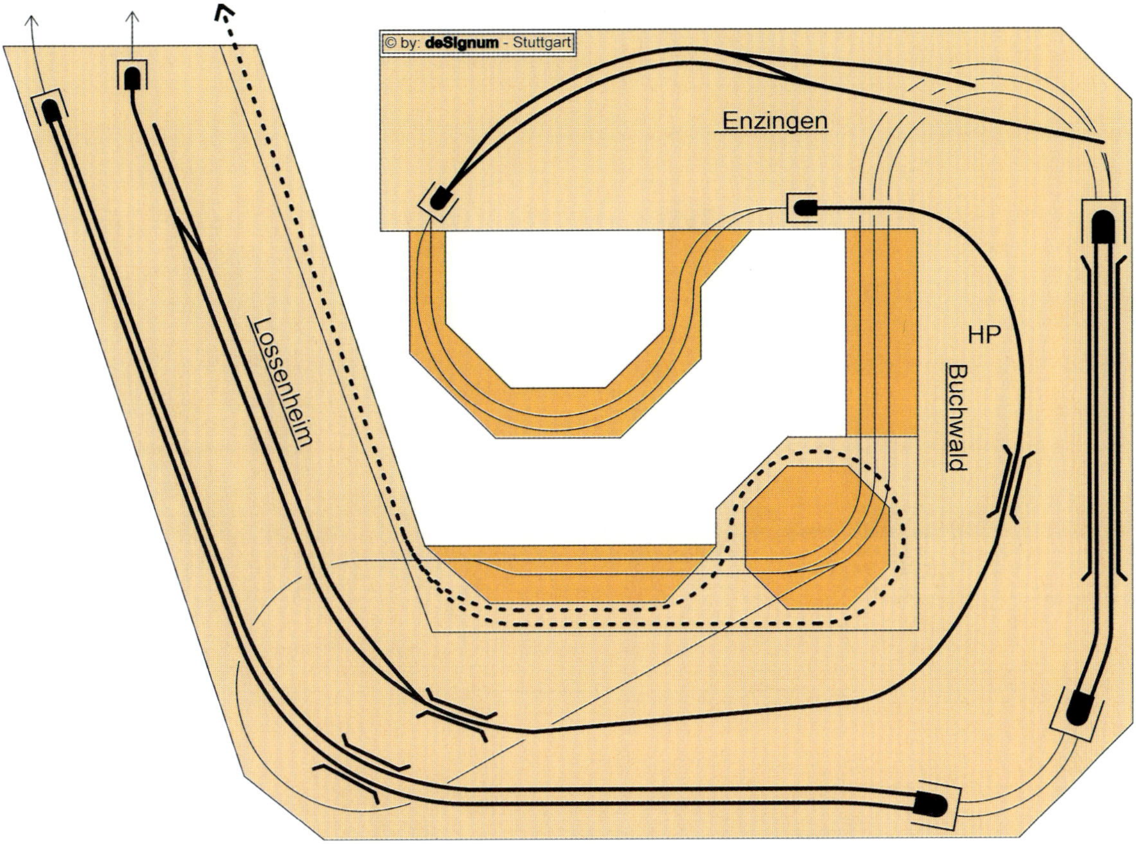
© by: deSignum - Stuttgart
Enzingen
Lossenheim
HP
Buchwald

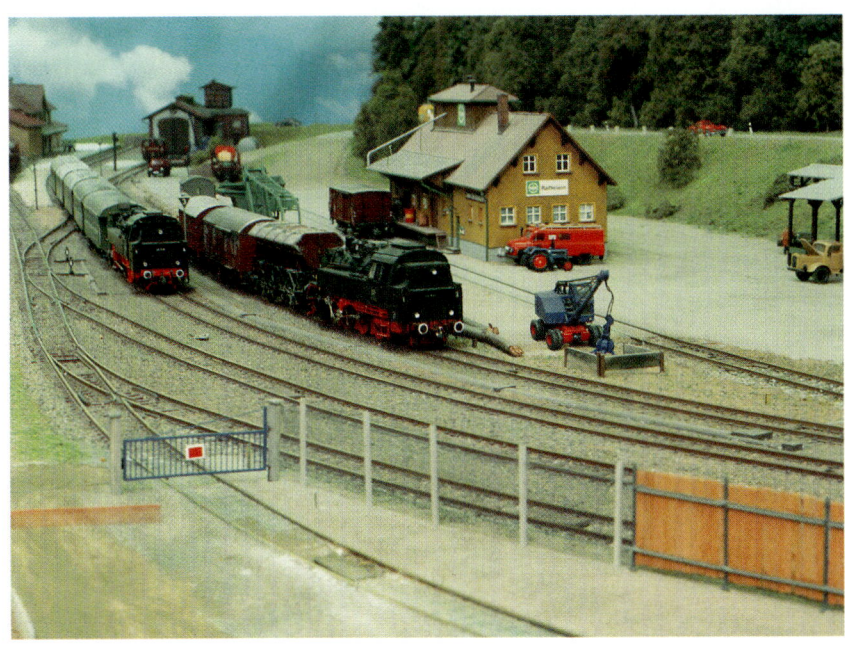

Während der Fotograf sich in Enzingen umgesehen hat, waren die Eisenbahner nicht untätig. Der Güterzug ist zusammengestellt und die 64 hat sich an die Spitze gesetzt. Die Donnerbüchsengarnitur wurde um ein Dreiachser-Pärchen verstärkt, denn der Berufsverkehr beginnt. Nachdem die Bremsprobe durchgeführt ist, kann es losgehen. Abfahrbereit warten die beiden Züge auf Ausfahrt.

erzählt Rudolf Haubrich. »Irgendwas hat immer gestört. Dann haben wir in die Kante der Anlagenplatte Unebenheiten gefeilt, nur drei Millimeter Höhenunterschied. Und plötzlich wirkte alles ganz natürlich«, erklärt er den Feinschliff.

Bei den Gebäuden waren die Schwaben bewußt sparsam. »Der Bahnhof liegt in Ortsrandlage, deshalb sieht man nur das Bahnhofsgebäude. Den Rest muß sich der Betrachter denken. Aber trotzdem vermißt man nichts«, erklärt Hans-Peter Klein. Und er hat recht, denn der langgestreckte Bahnhof wirkt nirgends überladen, sondern vorbildgetreu großzügig. Und wenn dann wieder ein Zuschauer fragt, »warum sieht hier denn alles so gut aus?«, antworten die Modellbahner mit ihrem Motto: Weniger ist mehr!
Uwe Lechner

Die neue Zeit hat begonnen. Auch vor der Modellbahn '65 hat das Computer-Zeitalter nicht halt gemacht und so prangt an der Führerhausseitenwand der 50 kab unübersehbar die EDV-Nummer 052 440-5. Nur noch wenige Jahre, dann wird sie zum alten Eisen gehören und ihre Aufgaben wird eine 218 oder 290 übernehmen. (Alle Aufnahmen: Uwe Lechner)

Viel Betrieb auf Märklin-Gleisen

von Karlheinz Haucke

Jugend-Stil

(aus: meb 2/98)

»Es ist stressig, aber schön!« Darin sind sich Jugendwart Karl Atzig und »Vize«-Stellvertreter Walter Mieder von den Eisenbahnfreunden Bietigheim-Bissingen einig. Das Duo hat die Modellbahn-Kids im Griff. Atzig ist Rentner und 71 Jahre alt. Der 28jährige Mieder verdient seine Brötchen als Fahrzeug- und Karosseriebauer. Beiden gemeinsam ist nicht nur das Modellbahnhobby, sondern auch ein guter Draht zur Jugend. Und die ist begeistert bei der Sache und nicht wenig stolz, eine eigene Anlage zu haben.

Neun bis 15 Jahre alt sind die Kids. Rund 15 zählen zum harten Kern, der sich Mittwoch für Mittwoch, auch in den Ferien, ab 14.30 Uhr in der ehemaligen Bietigheimer Kammgarnspinnerei trifft. Keiner dieser Jungen hat die Anfänge vor über zehn Jahren miterlebt, aber das tut der Begeisterung keinen Abbruch.

Sie alle sind sich mit dem Leitungsteam einig: »Es ist doch wohl besser, zu basteln, zu bauen und mit der Modellbahn zu spielen, als auf der Straße rumzuhängen«, faßt Walter Mieder das Prinzip der Jugendgruppe in Worte.

»Die Zeit ist wohl etwas hektischer als früher«, hat Karl Atzig festgestellt. So tun sich die Kids bei der Konzentration manchmal schwer, bleiben ungern länger bei einer Sache. Aber Atzig war nicht umsonst Gärtner von Beruf. Es liegt ihm einfach im Blut, mit jungen Pflänzchen umzugehen. Und manch

Auch wenn der Hunger noch so treibt, die Eisenbahn hat Vorfahrt. Der Nobelkarossenlenker muß seine Gelüste zügeln, denn erst kommt die historische Dampfbahn mit ihrer C1-Lok vom österreichischen Typ U zum Zug.

Mächtig viel Betrieb herrscht rund um das Betriebsgelände der Firma »Neu- und Gebrauchtwagen Schramm und Röder GmbH«. Schweineschnäuzchen und Postbusse befördern die Preiserlein auf Straße und Schmalspurstrecke.

einen der Jungen packt am Ende das Modellbahnfieber genauso wie Atzig oder Walter Mieder, der bekennt: »Die Eisenbahn, das habe ich mir geschworen, die habe ich ein Leben lang.«

Einer, der von Anfang an dabei ist, trotz seiner inzwischen 22 Lenze der Jugendgruppe die Treue hält, ist Jörg Schramm. Der Student für Luft- und Raumfahrttechnik kann sich gut an den Auftakt zur Jugendanlage erinnern. Es war anno 1987, als die zunächst rund viereinhalb Quadratmeter große Anlage, der heutige Mittelteil, in Angriff genommen wurde. Unter Atzigs Anleitung legten vor einem guten Jahrzehnt die Kinder die Schmalspurstrecke mit Bemo- und Roco-Gleisen in einer Acht vom unteren Bahnhof zu einem höher plazierten Haltepunkt an. »Schon damals wurde in Betracht gezogen, die H0e-Anlage einmal um eine befahrbare Normalspurstrecke zu erweitern«, erzählt Schramm. Deshalb gab es von Anfang an den dreigleisigen

Bahnhof mit Rollbockanlage, Verladerampe und dem selbstgebauten Dreischienengleis.

Wie die späteren Anlagenflügel ist auch das Kernstück auf einem Sperrholzrahmen aufgebaut. Dessen Außenseiten sind dem Landschaftsverlauf angepaßt. Die Kinder waren anno 1987 fleißige Säger: Die Schienen- und Straßentrassen besehen ebenfalls aus Sperrholz.

Auch die Gestaltung der Landschaft ist Schramm noch gegenwärtig. Er schmunzelt bei der Erinnerung an kleisterverschmierte Gesichter und Gipsstaub in den Haaren. Styropor war die Grundlage der zentralen Mittelgebirgslandschaft, überzogen mit Küchenpapier, getränkt in verdünntem Weißleim. »Die Felsen haben wir teils mit Küchenkrepp, teils aber auch mit Gips nachgebildet«, blickt der Student durchaus wohlwollend auf »sein« Frühwerk.

Das kann sich auch nach all den Jahren noch sehen lassen. Dank Entstaubungen und gele-

Der Schmalspurgüterzug mit V 51 901 hat den Anschlußbahnhof zur »großen Eisenbahn« erreicht. Gleich wird die Lok umsetzen, dann geht das Rangieren und Umladen los.

gentlichen Überarbeitungen macht auch dieser Teil der heutigen Anlage keinen altersschwachen Eindruck. Das Gelände, mit Dispersionsfarbe grundiert und mit einem Gemisch aus Streufasern, Flocken, Spänen und sonstigem Bodendeckermaterial bedeckt, wirkt recht realistisch.

Die Gleise schotterte der Nachwuchs seinerzeit mit gemahlenem und eingefärbtem Kork ein. »Ein Gemisch aus Quarzsand, grauer Abtönfarbe und verdünntem Weißleim diente als Asphalt für die Straßen«, erzählt Jörg Schramm weiter. Dieses Rezept wurde übrigen auch bei den späteren Anlagenerweiterungen beibehalten. Der Bau der beiden Anlagenflügel begann 1989. Diese waren ur-

Während die Eisenbahner der Schmalspurbahn mit den Rangierarbeiten beschäftigt sind, warten auf den Normalspurgleisen ein Eiltriebwagen und ein Güterzug auf Ausfahrt. Derweil köchelt das »Glaskasterl« mit seinen beiden Wagen an der Laderampe vor sich hin.

Blitz oder Windbruch? Zwei Wanderer begutachten das Malheur und stellen ihre Vermutungen an.

sprünglich übrigens nicht in U-Form angeordnet, sondern als rechte und linke Verlängerungen des Mittelstücks konzipiert. Erst 1997 ging eine neue Generation der Jugendgruppe daran, das zu ändern. Die Anlagenflügel wurden ausgetauscht und nach vorn gerückt. Schmale Ansatzstücke sorgen für den Streckenanschluß an den Mittelteil.

Da spielen schon die Ausbaupläne mit: Die noch leeren rückwärtigen Partien sollen gefüllt, das Mittelstück soll breiter werden. »Wir möchten die Jugendanlage demnächst technisch und optisch überholen«, erläutert Mieder. Der Startschuß hängt allerdings nicht allein vom Enthusiasmus und Engagement der heutigen Kids ab. Zuerst einmal muß der Dachboden der Ex-Kammgarnspinnerei isoliert werden, dann wird sich auch der endgültige Stellplatz für die Jugendanlage finden. »Und dann kann's losgehen«, ist Schramm schon ganz Feuer und Flamme. Und mit ihm sind's die Neun- bis 15jährigen sowie Lars Bentz.

Bentz ist wie Schramm 22 Jahre alt und fühlt sich der Jugendgruppe gleichfalls aus alter Anhänglichkeit verbunden. Der Betriebselektriker ist federführend für die Anlagen-»Stromologie« verantwortlich. Wenn der Betrieb mal hakt oder das Fahrbildstellwerk seine Mucken hat, ist Bentz der richtige Ansprechpartner. Oder wenn's bei Ausstellungen

Auf einen Blick

Drei- bzw. fünfteilige H0-/H0e-Anlage auf Sperrholzrahmen

Maße: 3,10x1,53m + 2x2,4x1,53m

Erbauer: Eisenbahnfreunde Bietigheim-Bissingen, Jugendgruppe

System: Zweileiter-Gleichstrom/Dreileiter-Wechselstrom

Epoche: III, 60er Jahre

Gleislänge: ca. 40 m

Gleismaterial: Bemo, Roco (H0e) Märklin M- und K-Gleis

Rollendes Material: wechselt

Besonderheiten: Dreischienengleis-Eigenbau

Bauzeit: vier Jahre

Vorbild: kein konkretes

darum geht, »mit dem Schlafsack unter der Anlage zu nächtigen«, lacht Schramm.

Die beiden vor sieben Jahren fertiggestellten, je drei Quadratmeter messenden Anlagenerweiterungen unterscheiden sich thematisch beträchtlich. Der heute vom Betrachterstandpunkt rechte Anlagenschenkel wird bestimmt von einer ausgedehnten Industrieanlage mit Gleisanschluß, Ladestraße und typischer ring-förmiger Industriegleisstrecke. Fast alle Fabrikgebäude sind Vero-Erzeugnisse.

Der linke Anlagenschenkel zeigt dagegen eine überwiegend ländliche Szenerie. Ein stattlicher Bauernhof und der von offensichtlich überhitzten Preiserlein frequentierte Badeteich aus Gießharz sind ausgesprochene Blickfänge. Das findet wohl auch der Groß-bauer, denn vom Balkon seines Gutshauses

Hier wohnt Bauer Hermann. Erst aus der Vogelperspektive zeigt sich, welch stattliche Ausmaße sein Anwesen hat.

Die Eisenbahner waren unterdessen nicht untätig: Der Dampfzug mit der österreichischen U ist von seiner Spritztour zurück, jetzt muß die Lok restauriert werden. Während sich die V 51 mit ihrem Güterzug nun auf den Rückweg macht, rollt die U an den Kohlebansen – da knirscht es, ein Poltern und Krachen, dann steht die Lok. Ein Fremdkörper im Gleis hat die Nachlaufachse aus den Schienen gehebelt. Während das Lokpersonal zerknirscht die Lok verlassen hat und Hilfe holt, sucht Kranführer Uwe im Gleis nach dem »Stein des Anstoßes«.

Unbeeindruckt vom Malheur im Bahnhof tuckert der Güterzug mit der V 51 bergan. Immerhin muß sich die Fuhre sputen, denn der planmäßige Personenzug wartet schon ungeduldig auf die Freigabe der Strecke.

Nachdem der Güterzug endlich durch ist, ist die Strecke frei für den »Wismarer«. Für das nachmittägliche Fahrgastaufkommen reicht das begrenzte Platzangebot des »Schweineschnäuzchens« allemal, zumal einige Reisende aus Bequemlichkeit den parallel fahrenden Postbus der Eisenbahn vorziehen.

aus der Vollmer-Produktion verfolgt er per Fernglas aufmerksam den Badebetrieb.

Auch auf diesem Anlagenstück teilt sich die eingleisige Regelspurstrecke. Da sie jedoch in zwei Tunneln verschwindet, wird das klassische Oval hier nicht so offensichtlich. Unter dem Landschaftshöhenrücken verbirgt sich der Schattenbahnhof mit zwei Abstellgleisen und einem Durchfahrgleis.

Die Landschaft steigt zwischen den beiden Tunnelportalen sanft, aber stetig an. Äcker, Wiesen, ein Hopfenfeld und ein Steinbruch mit Gleisanschluß beleben die Szenerie. Die Tunnelportale sind aus Merkur-Mauerplatten erbaut, die Felsen beiderseits der Einfahrten bestehen aus realistisch strukturiertem, farblich nachbehandeltem Gips. »Rundhölzer, Draht und Streuflocken«, so Schramm, ergaben den Hopfenanbau.

Eigentlich war geplant, wie auf dem Mittelteil der Anlage K-Gleise von Märklin zu verwenden. »Doch als die Jugendgruppe eine größere Zahl M-Gleise geschenkt bekam, entschieden wir uns für den Bau mit den vorrätigen

Schienen«, erklärt Schramm fast entschuldigend.

Einem geschenkten Gaul schaut man eben nicht ins Maul. Und wer auf den Pfennig schauen muß, ist halt froh über jede Gabe. »Immerhin sind wir finanziell praktisch autark«, betont Walter Mieder, daß der Nachwuchs den Eisenbahnfreunden nicht auf der Tasche liegt. Außerdem ist Mieder ein überzeugter Märklinist und sieht schon deshalb das alte Metallgleis mit anderen, gewissermaßen nostalgisch getrübten Augen.

Das rollende Material für den Fahrbetrieb wird von Fall zu Fall von daheim mitgebracht. Meist ist es Jörg Schramm, der seine Schätze inklusive der Automodelle (Brekina, Wiking), mitbringt. Eigentlich ist das Anlagenthema in Epoche III angesiedelt, doch da kommt es dann schon mal vor, daß auch Fahrzeuge der Epochen II, IV oder V auf der Jugendanlage unterwegs sind. »Da nehmen wir es nicht so genau«, findet Schramm das auch nicht weiter tragisch. Die Hauptsache ist doch, daß die Kids ihren Spaß haben. Das meint auch der Aus-

Den Verschub im Steinbruch und in der Maschinenfabrik versieht eine V 60. Eben hat sie zwei gedeckte Güterwagen an die Fabrikrampe gestellt, jetzt schnell die LKW vorbei lassen, dann geht es in den Steinbruch, wo dringend Wagen zur Beladung gebraucht werden.

hilfs-Jugendwart: »Da bieten wir auch zünftige Rangierspiele an«, lächelt Walter Mieder. »Hauptsache, man kann es mal schön platzen lassen«,, macht sich der 13jährige Martin anschaulich bemerkbar.

Bei der Jugendgruppe hat es sich mittlerweile herumgesprochen, daß an diesem Tag die Presse im Hause ist. Da gib es natürlich kein Halten mehr. Jugendwart Atzig muß schon seine ganze Autorität aufbieten, um die Rangen ruhig zu bekommen. In jedem unbeob-

achteten Moment flutscht einer aus dem Bastelzimmer, um mal kurz die Jugendanlage zu inspizieren. »Sie sind heute halt ein bißchen aufgeregter als sonst«, wirbt Atzig, gebürtiger Chemnitzer, um Verständnis.

Die inzwischen eingetroffenen erwachsenen Vereinsmitglieder lassen sich von all dem Lachen, Rufen und der Unruhe nicht stören. Sie werkeln nebenan weiter still an ihrer Club-Großanlage herum, die irgendwann im nächsten, vielleicht auch im übernächsten Jahr

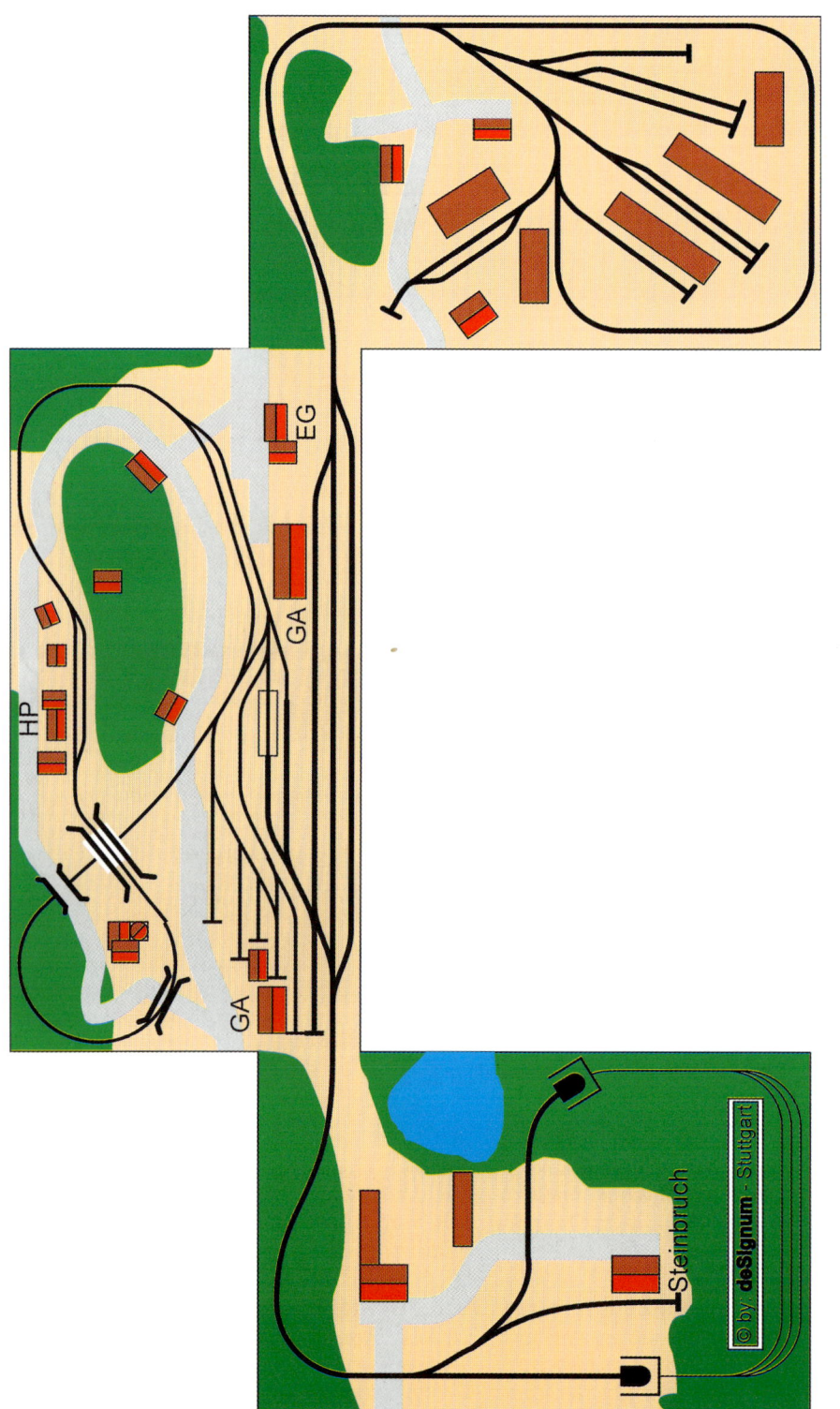

HP

EG

GA

GA

Steinbruch

© by **deSignum** - Stuttgart

ihrer Vollendung entgegensehen soll. Doch zurück zur Jugend und ihrer Anlage: »Insgesamt können fünf Zuggarnituren eingesetzt werden«, nimmt Jörg Schramm den Erzählfaden wieder auf. Die Mittelleiter-Normalspur erlaubt den gleichzeitigen Betrieb zweier Züge über ein selbstgebautes Fahrbildstellwerk. Auf der Schmalspurstrecke verkehren abwechselnd zwei Züge.

»Wann bauen wir endlich weiter?« Das fragt ein Dreikäsehoch. Geduld, Geduld: »Wir müssen das alles halt noch richtig durchplanen«, vertröstet der Student. Schließlich war auch Schramm mal ein ungeduldiger Jung-Modellbahner, weiß genau, wie unbefriedigend solche Pausen für den eigenen Schaffensdrang nun mal sind. Erst recht jetzt, wo Wind und Wetter zum Basteln und Bauen animieren.

Die meisten der Jungen, Mädchen sind hier wie anderswo noch die Ausnahme, haben übrigens auch zu Hause eine Anlage, aber das Wir-Gefühl in der Jugendgruppen-Gemeinschaft möchten sie nicht missen. »So wissen sie mit ihrer Freizeit etwas anzufangen«, freut sich Mieder. Er gilt beim Nachwuchs als guter Kumpel. Als er selbst noch zur Schule ging, war der Umgangston freilich längst nicht so locker. »Da hatten wir noch mehr Respekt«, lacht Mieder.

Die Kids haben da heutzutage keine Hemmungen: »Mach's gut, Walter«, läßt sich so ein Steppke vernehmen, ehe er sich im Schlepp seiner Eltern von dannen trollt.

Karlheinz Haucke

Der Tag geht zu Ende. Das »Glaskasterl« hat sein Tagwerk vollbracht, die V 51 hat noch eine Fuhre zur Übergabe gebracht und auch das Schweineschnäuzchen ist auf dem Heimweg. (Alle Aufnahmen: Uwe Lechner)

Auf schmaler Spur durchs Sachsenland

von Uwe Lechner

Ohne jede Eile

(aus: meb-Sonderheft Nr. 4)

»Ist doch schade, wenn die schönen Modelle nur in der Vitrine stehen oder auf einem Probegleis vor- und zurückfahren.« Bertilo Nissel erzählt von der Idee zu der H0e-Modulanlage, die er zusammen mit seinem Freund Detlef Hanschke gebaut hat. Die beiden Modellbahner aus Cottbus haben sich auf der Suche nach Motiven bei der Schmalspurbahn Zittau–Oybin/Jonsdorf umgesehen.

Ausgangspunkt der Schmalspur-Module war 1988 eine kleine Anlage. Denn als Auslaufstrecke für seine H0e-Modelle wollte Bertilo Nissel einen kleinen Kreis mit Bahnhof und ein paar Weichen haben. Die einfachen Gleisanlagen von Oybin-Niederdorf hatten es dem gebürtigen Lübbenauer besonders angetan. Für den Gleisplan standen Fotos und Zeichnungen aus dem Jahr 1910 zur Verfügung. Auf die Epoche I wollte sich der 39jährige aber nicht endgültig festlegen. Ob Königlich Sächsische Staats-Eisenbahn oder Deutsche Reichsbahn, auf den Gleisen in Niederdorf sollte alles verkehren, was in Sachsen zuhause war.

Der Rohbau der Anlage stellte für den Gebäudereiniger-Meister kein Problem dar. Er wählte dafür die Bauweise mit Kastenrahmen und Spanten. Auch die Gleise, die fast ausschließlich von Technomodell stammen, waren recht schnell verlegt. Die Weichenantriebe kommen aus der heimischen Werkstatt. Ein einfacher

Auf der Fahrt nach Oybin ist der Technomodell-VT mit seinem Beiwagen. Eben verläßt das schmucke Fahrzeug die Haltestelle Tannenberg. Hier zweigt der Industrieanschluß zur »Sächsischen Krempelmanufaktur zu Tannenberg« ab, im Vordergrund ist das Gleis nebst der obligatorischen Gleissperre zu erkennen.

Wenige Meter weiter schlängelt sich die Strecke malerisch an den Häusern Tannenbergs entlang.

Elektromotor bildetete die Basis für den Eigenbau.

»Die technische Seite bereitete mir überhaupt keine Probleme, aber der Landschaftsbau, das ist nicht so mein Ding« erklärt Bertilo Nissel. Da war der Zeitpunkt für Detlef Hanschke gekommen, auf den Plan zu treten. Die beiden kannten sich bereits von vielen gemeinsamen Bauprojekten beim Lausitzer Modellbahnclub, dem sie beide angehören. Der gelernte Lok-Schlosser und Ludmilla-Fan Hanschke war die ideale Ergänzung für das geplante Projekt. »Wenn ich mehr als zwei Strippen anschließen muß, wird es schwierig, aber Modellbahn-Landschaften bauen, das macht mir Spaß«, gibt er lachend zu. Der 37jährige Cottbuser gestaltete die kleine Welt rund um den Haltepunkt aus. Dabei achtete er darauf, die Umgebung der ZOJE, wie die Zittau-Oybin-Jonsdorfer Eisenbahn genannt wurde, möglichst vorbildgetreu wiederzugeben.

Als die beiden Modellbahner ihre kleine Anlage fertig hatten, dauerte es nicht lange, bis eine neue Idee Gestalt annahm. Einige Module sollten den Bahnhof Niederdorf ergänzen. 1991 begannen die Arbeiten an den neuen Streckenstücken.

Das größte Projekt war der Endbahnhof Oybin. 220 mal 60 Zentimeter lauten die Maße für das Modul mit den umfangreichen Gleisanlagen. Um den Betrieb des Originals, mit Umsetzen und Rangieren, nachzustellen, waren entsprechende Entkupplungsmöglichkeiten nötig. Bertilo Nissel entschied sich für die Kadee-Kupplung. Um die Verbindung zwischen den Fahrzeugen zu lösen, genügt ein Magnet unter dem Gleis. Im Betrieb funktioniert dieses System problemlos, und auf Ausstellungen ernten die beiden Schmalspur-Fans ungläubiges Staunen, wenn die Lok wie von Geisterhand abkuppelt.

In Oybin liegen bereits alle Gleise, auch die Landschaft ist schon mit Straßen und Wiesen

Zugkreuzung im Bahnhof Oybin-Niederdorf. Die IV K im Vordergrund ist auf der Talfahrt, während die I K ihre Zweiachser-Garnitur bergwärts nach Oybin schleppt.

angedeutet. Für die detaillierte Ausgestaltung fehlen allerdings noch zahlreiche Kleinigkeiten. Und natürlich das Wichtigste: der Nachbau des Oybiner Bahnhofsgebäudes. Den hat den beiden Cottbusern ihr Modellbahnkollege Rolf Schnabel versprochen. »Ausgerechnet durch den Schienenersatzverkehr habe ich ihn kennengelernt«, berichtet Bertilo Nissel. »Er saß im Bus und hat sich mit jemandem über die IV K unterhalten. Da habe ich mich dazugesetzt und ihn angesprochen. Später stellte sich dann heraus, daß er Fahr-

zeuge, Gebäude und Brücken nach sächsischen Vorbildern baut. Außer fürs Fahrwerk kommt nur Papier und Pappe zum Einsatz.« Als er erzählt, daß Rolf Schnabel bei der VII K von Bemo nur das Fahrwerk verwendete, weil sein Papp-Aufbau vorbildgetreuer aussah, ist der Respekt vor dem Papier-Künstler nicht zu überhören. »Er ist jetzt schon lange krank, sonst hätten wir auch ein paar Modelle von ihm auf der Anlage. Aber bei der kleinen Brücke kann man sich von der Qualität seiner Arbeit überzeugen«.

Oberhalb von Tannenberg kreuzt die Strecke einen kleinen Gießharzbach. Kaum zu glauben, daß die VI K mit ihrer Fuhre auf einer Kartonbrücke heil an das andere Ufer gelangt...

Ein Exot auf sächsischen Schienen: Die 99 4712 ist eigentlich eine österreichische U, die durch die Kriegsereignisse zur Deutschen Reichsbahn gelangte. Zunächst als 99 791 eingereiht, fuhr sie nach dem Krieg als 99 4712 beim Bw Zittau und kam so auch nach Oybin. Vor einem gemischten Zug zuckelt sie an den Felsen entlang ihrem Ziel entgegen.

Die besagte Brücke ist auf einem der vier Streckenmodule zu sehen, die bereits fertig durchgestaltet sind. Die Fahrt nach Oybin beginnt im Moment noch auf dem Eckteil, in Tannenberg. Der kleine Haltepunkt mit seinem Wartehäuschen ist typisch für sächsische Schmalspurbahnen. In seiner Nähe liegt auch der bisher einzige Industrieanschluß an der Strecke. Aus mehreren Fabrik-Bausätzen von Auhagen hat Detlef Hanschke die »Sächsische Krempelmanufaktur zu Tannenberg« zusammengesetzt. Auf dem nächsten Streckenstück beherrscht eine Dorfstraße das Bild. Mit viel Liebe zum Detail haben die beiden Modellbahner die Szenen des täglichen Lebens auf dem Lande eingefangen. So torkeln am hellichten Tage zwei Herren aus der »Restauration«, während sich zwei Bauersfrauen noch darüber streiten, ob die schwarze Katze, die über die Straße huscht, jetzt Glück oder Pech

bringt. »Zu allem, was ich auf der Modellbahn gestalte, denke ich mir die passende Geschichte aus. Mir macht es Spaß, und die Szenen wirken besser«, erklärt Detlef Hanschke.

Der Spaß am Hobby ist den beiden wichtig. Und sie akzeptieren jede Form von Modellbahn: »Wenn jemand sich einen Kreis auf ein Brett nagelt, und Spaß dabei hat, ist es doch schön. Diejenigen, die nur ihre eigenen, hohen Maßstäbe gelten lassen, vermiesen doch den Einsteigern die Freude am Hobby« vertritt Bertilo Nissel die Meinung der beiden. Daß man selbst auch immer wieder Einsteiger ist, stellte Detlef Hanschke beim Bau des nächsten Moduls mit Brücke und Fluß fest. »Es war meine erste Arbeit mit Gießharz«, gibt er unumwunden zu. Trotzdem ist er mit dem Ergebnis zufrieden. An treppenförmig angebrachten Sperrholzbrettern bildet Gips die Uferböschung nach. Auf dem Grund des

Für die Rückfahrt hat die Betriebsleitung der Lok einen kurzen GmP zugedacht, während der Personenzug von der VIK gezogen wird. Mit im Zugverband läuft der eigens für den Triebwagen farblich angepaßte Vierachser. Mindestens ebenso interessant ist aber auch das Omnibusgespann im Hintergrund.

Für die ländliche Gegend erstaunlich ist der rege Autoverkehr – die Ursache ist der besondere Reiz des Zittauer Gebirges, der die Gegend zu einem beliebten Ausflugsziel für gutsituierte Großstädter macht.

Die Einheimischen hingegen fahren seit jeher lieber mit dem Bimmelbahnel – zumal bahnfahrende Ausflügler am Zielort auch einmal ein Bier mehr trinken können, ohne daß gleich der Schutzmann mahnend den Zeigefinger hebt.

Auf einen Blick

H0e-Modulanlage

Größe: maximale Ausdehnung zur Zeit 12x1 m

Erbauer: Bertilo Nissel, Detlev Hanschke

System: Zweileiter-Gleichstrom

Epoche: I bis III

Gleismaterial: hauptsächlich Technomodell, einzelne Bemo-Weichen

Rollendes Material: Loks und Wagen von Technomodell und Bemo

Besonderheiten: Bahnhöfe Oybin und Oybin-Niederndorf nach Originalplänen nachgebaut

Betrieb: Handsteuerung

Bauzeit: Basisanlage 1988-89, Module seit 1991

Vorbild: Verschiedene sächsische Schmalspurbahnen, vorwiegend ZOJE

Wer nicht mit der Bahn zur Arbeit fährt, nimmt das Fahrrad oder, so vorhanden, das Velo. Auch die Chefsekretärin der Krempelmanufaktur macht da keine Ausnahme.

Baches liegt echter Bremssand und feine Muttererde. Einige kleine Kieselsteine lockern das Ganze auf. Weil er die gewünschten Wellen nicht mit dem Gießharz nachbilden konnte, ergänzte sie Detlef Hanschke mit Uhu-hart. Neue Erfahrungen machte der Cottbuser auch beim Geländebau. Für den bewaldeten Hügel, der den hinteren Teil des Kreises abdeckt, hatte Detlef Hanschke noch ein Geflecht aus Pappstreifen auf die Spanten geklebt. Mit Zeitungspapier und Holzleim ergab das Ganze eine stabile Grundlage für das Gelände. Jetzt ersetzt einfacher Bauschaum den leichten, aber auch aufwendigen Geländebau mit Pappstreifen und Holzleim. »Das Zeug ist leicht, verwindungssteif, billig und es läßt sich leicht bearbeiten«, schwärmt er von seinem neuen Baustoff. »Und um Bäume zu pflanzen, genügt ein vorgestochenes Loch«. Ein wichtiger Aspekt, im waldreichen Sachsen.

Aber auch bei der Technik gab es Neuerungen. Bertilo Nissel hat sich die Z-Schaltung nach Fremo-Modul-Norm angesehen und für gut befunden. »Jetzt kann ich einen Zug bis in den Endbahnhof durchsteuern oder jeden Bahnhof einzeln bedienen«, erläutert er die Vorteile.

Zurück zum Gießharz-Fluß. Von dort geht die Reise weiter über das Anlagenstück mit dem Bahnhof Oybin-Niederdorf zum Felsenmodul. Auch hier orientierten sich die beiden Schmalspurfreunde an einem Streckenstück der ZOJE. Felsen von Noch und ein Wald aus Auhagen-Tannen bestimmen das Bild auf dem 2,40 Meter langen Anlagenteil. In eng gezogenen Kurven nimmt der Zug dann Kurs auf den Bahnhof Oybin, seinen Endpunkt.

Auf die Frage nach weiteren Projekten erhält man von Detlef Hanschke und Bertilo Nissel ein deutliches »Ja, selbstverständlich«. Neben

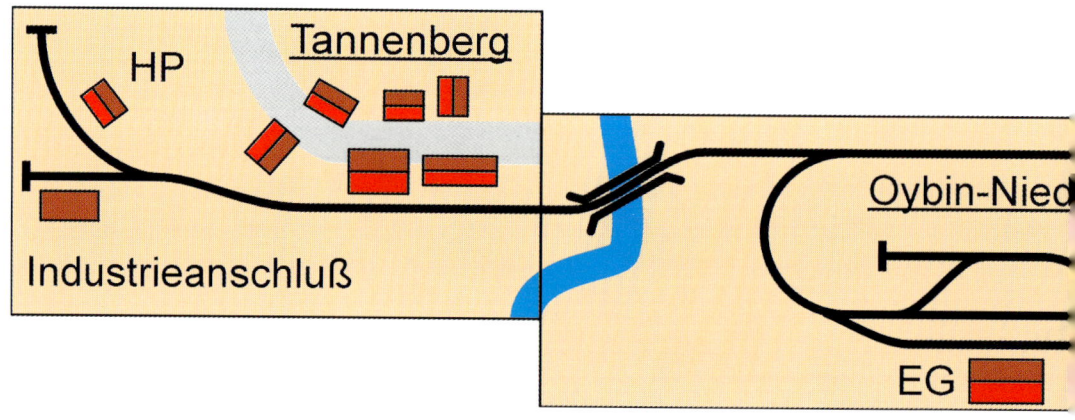

Die Krempelmanufaktur ist auch der wichtigste Kunde der Kleinbahn. Sie sorgt für reges Güteraufkommen und erhält täglich Güterwagen auf dem werkseigenen Anschlußgleis zugestellt.

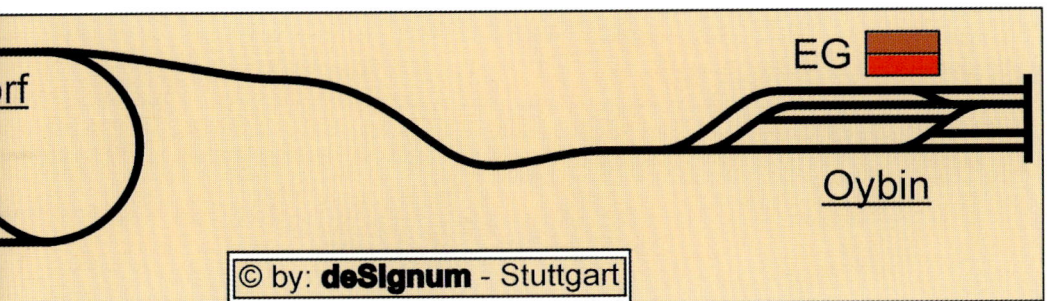

Für die Güterzüge setzt die Bahnverwaltung meist die VIK ein, die mit ihrem kräftigen Triebwerk auch schwere Züge klaglos durch die engen Kurven der Schmalspurbahn zieht.

Während die Güterwagen in Tannenberg beladen werden, macht sich die Lok im Personenzugdienst nützlich. Mit einer Garnitur sächsischer Vierachser rumpelt sie durch den Wald und ihr Pfeifen und Bimmeln veranlaßt den einsamen Wanderer, sicherheitshalber die Vorbeifahrt abzuwarten, ehe er weiter seines Weges zieht.

Die Verladearbeiten sind beendet, die VIK hat den Zug abgeholt und dampft nun zum Übergabebahnhof der Normalspur. Ausnahmsweise ist es heute nur ein Kurzzug, den die Lok bei Tannenberg am Haken hat.

Nachdem der letzte Zug des Tages durch ist, rücken die Gleisarbeiter an, um die nötigen Wartungsarbeiten durchzuführen. Doch dank der guten Pflege der Bahnanlagen beschränken sich diese im wesentlichen auf das Nachfüllen von Gas in den Signallaternen, den erforderlichen Vorrat bringt der Schienenkleinwagen Marke »Eigenbau«.
(Alle Aufnahmen: Uwe Lechner)

dem Wendemodul, das bereits betriebsfertig, aber noch ohne Landschaftsgestaltung ist, stehen noch zwei Brückenbauwerke und ein Bahnhof auf dem Plan. Der Viadukt von Stützengrün an der Strecke von Wilkau-Haßlau nach Carlsfeld ist bereits im Bau. Angeregt von einem Bericht im MODELLEISENBAHNER hat das andere Projekt bereits Formen in den Köpfen der beiden Modellbahner angenommen. Die Brücke über die Rote Weißeritz bei Seifersdorf samt nachfolgendem Bahnhof soll es sein. Wann es soweit ist? Der Zeitpunkt steht noch nicht fest, das Hobby darf nämlich nicht in Streß ausarten. Da halten sich die beiden Herren ganz an den Spitznamen der ZOJE – und der lautet »Zug-Ohne-Jede-Eile«.
Uwe Lechner

Kleine Bahn in großem Stil

von Hartmut Lange

Harmonie-Lehre
(aus: meb 3/98)

»Ich wollte einfach einen großen Lokschuppen«, erinnerte sich Bernd Jörg an die ersten Pläne für seine Anlage. Eindrucksvoll setzte er seinen Wunsch im Maßstab 1 : 160 um: Sein Bahnbetriebswerk (Bw) hat eine Drehscheibe, 11 Freistände und einen Ringlokschuppen mit 15 Gleisen. Aber dabei blieb es nicht.

Ein großes Bw braucht einen großen Bahnhof. »Die Idee kam mir in Offenburg«. Dort zweigt die Schwarzwaldbahn von der Strecke Karlsruhe–Basel ab. Hier werden Züge getrennt, Kurswagen rangiert und Lokomotiven gewechselt. Bernd Jörg baute aber nicht den Bahnhof Offenburg nach, sondern setzte die Betriebssituation um. So entstand der Bahnhof »Karlshorst«. Der geschichtsträchtige Name – immerhin kapitulierte 1945 das Oberkommando der Wehrmacht in Berlin-Karlshorst – hat für den Hessen keine tiefere Bedeutung: »Mein Bahnhof Karlshorst hat mit dem Berliner Stadtteil nur den Namen gemeinsam.«

Die zweite Entscheidung betraf die richtige Epoche. Dampf-, Diesel- und Elektrotraktion der Deutschen Bundesbahn (DB) sollten nebeneinander verkehren. Der heute 45jährige wollte Modelle der Loks und Wagen auf seiner Anlage fahren lassen, die er noch als Jugendlicher im Einsatz sah oder von seiner Ausbildung her kennt.

Schließlich absolvierte er seine Lehre als Elektriker im Ausbesserungswerk (Aw) Frankfurt am Main der DB: »Seitdem bin ich ein Fan der Popwagen«. An den vierachsigen DB-Wag-

Superlativ im Maßstab 1:160: 15 Schuppengleise und 11 Freistände sorgen dafür, daß im Bw »Karlshorst« immer etwas los ist.

Hochbetrieb am Hochbunker: Die Schnellzuglok der Reihe 01 hat ihre Kohlevorräte bereits ergänzt und rollt nun an den Wasserkran, die 23er wartet noch auf frischen Brennstoff. Links vor der Lokleitung steht eine 86.

gons im farbenfrohen Design der frühen 70er schraubte er damals noch selbst. Die Entscheidung lag für den gebürtigen Frankfurter somit auf der Hand: »Da blieben nur noch die Epochen III und IV übrig.«

Wer allerdings das Heim des Ehepaares Jörg in einem Ort südlich der Mainmetropole betritt, erhält zunächst den Eindruck, einen überzeugten Motorsportler zu besuchen. Fotos auf dem Flur zeigen das rasante zweite Hobby: Rallyefahren. Doch vor einigen Jahren entschied sich Bernd Jörg, der mittlerweile als Funktechniker arbeitet, ganz für die Modellbahn: »Der Motorsport ist teuer und ohne einen Sponsor fährt man auf Dauer hinter den anderen her«.

Vor dem Aufbau gab es für Bernd Jörg aber noch eine traurige Aufgabe: Er mußte seine alte, fest montierte Anlage abbrechen. Im Gegensatz zu seinen neuen Plänen hatte sie mit dem Bahnhof Altenbeken ein konkretes Vorbild. »Die Arbeit ist mir nicht leicht gefal-

len«, bekennt er. Der Grund war eigentlich erfreulich, denn man zog in eine größere Wohnung um. Für den Verlust der alten Anlage entschädigte im neuen Domizil der ausreichende Platz für die neue. Ein ganzes Zimmer stand bereit, in dem er eine Anlage in der Form eines Hufeisens baute. Dessen zwei Schenkel haben eine Länge von 4,65 Metern und sind einen Meter breit.

Gleich links neben der Zimmertür liegt das Bw mit seinem großen Ringlokschuppen und den umfangreichen Behandlungsanlagen. Bekohlung, Schlackekanal, Besandung und Wasserkräne stehen für die Dampfloks bereit, und eine Tankstelle wartet auf die Dieselloks. Die filigranen Wasserkräne stammen noch vom ehemaligen Kleinserienhersteller Bochmann & Kochendörfer. Für die Öldampfer entstand nach einer Fotovorlage ein Ölkran im Eigenbau.

Auf der gesamten Anlage verlegte Bernd Jörg Arnold-Gleismaterial. Das fränkische Unter-

Blick über den Bahnknoten »Karlshorst«. Damals, in Epoche III, gehörten Güter noch auf die Bahn, daher ist an der Ladestraße im Vordergrund auch mächtig Betrieb.

Straßenbahn: Mitten durch die romantische Altstadt läuft das Anschlußgleis der Brauerei Ayinger, auf dem gerade eine Köf mit ihren Kühlwagen unterwegs ist.

nehmen produzierte ebenfalls die Drehscheibe des Bw. Mit sonorem Klang dreht sie die Loks in die gewünschte Position. »Nach 20 Jahren arbeitet die Scheibe noch immer zuverlässig«. Deshalb macht es auch nichts, daß nach so langer Zeit die Stellung der Bühne mit dem Finger am Gleis überprüft werden muß, damit keine Lok entgleist.

Mit dem großzügigen Dampf- und Diesel-Bw hatten aber die E-Loks noch keine Heimat gefunden. Für sie entstand ein sechsgleisiger Schuppen mit Brawa-Schiebebühne. Da ist natürlich auch die Fahrleitungsmeisterei nicht weit, wo zwei Turmtriebwagen für den Notfall stationiert sind. Der trat völlig unerwartet auch im Modell ein. Probleme verursachte die Verspannung der Arnold-Oberleitung: »Nach

zwei Jahren war der Gummifaden porös und ich mußte ihn erneuern«. Dafür nahm der findige Bastler simples Nähgarn. Eine knifflige Angelegenheit bei dieser Nenngröße und dem Umfang der Anlage: »Nochmal möchte ich das nicht machen«.

Als Trennungsbahnhof zweier Hauptstrecken hat »Karlshorst« die Ausmaße eines Hauptbahnhofes einer mittleren Großstadt. Er besitzt sechs Bahnsteiggleise, von denen das längste stattliche zwei Meter mißt. Immerhin halten hier Reisezüge mit bis zu zehn vierachsigen Waggons. Eine dreigleisige Abstellgruppe für Reisezug-Garnituren und ein Gleis für die Bahnpost vervollständigen die Gleisanlagen. Natürlich gehören in Karlshorst die Güter noch immer auf die Bahn. Auf drei durchge-

»Alles Schrott« – Frei von den Zwängen der Altautoverordnung gammeln auf dem örtlichen Schrottplatz zahllose Autowracks vor sich hin und harren des Ausschlachtens.

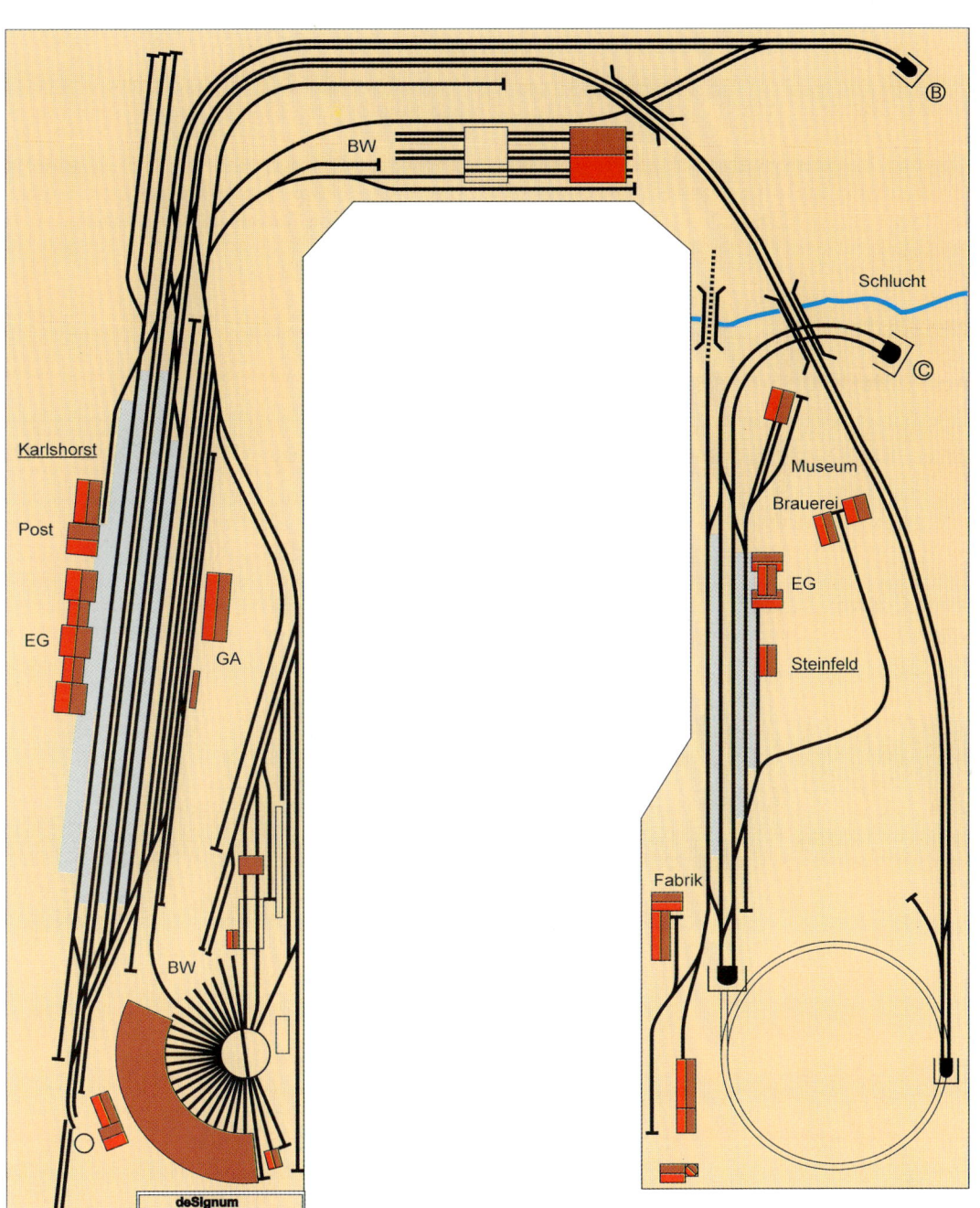

Karlshorst

Post

EG

GA

BW

deSignum

Ⓑ

Schlucht

Ⓒ

Museum

Brauerei

EG

Steinfeld

Fabrik

Auf einen Blick

N-Heimanlage

Nenngröße: N (1:160)

Thema: Trennungsbahnhof zweier Hauptstrecken mit Bw und zweitem Durchgangsbahnhof

Epoche: III/IV

Erbauer: Bernd Jörg

Anlagenform: U-Form, 4,65 x 3,40 Meter

Schenkelbreite: 1 Meter und 60 Zentimeter

Unterbau: Offener Rahmen aus gehobelten Dachlatten, Bahnhofsplanum und Trassenbretter aus 8 Millimeter Spanplatten

Gleismaterial: Arnold

Oberleitung: Arnold

henden Gleisen spannen die Güterzugloks um, oder sind vorübergehend Waggons abgestellt. Ein Schuppengleis mit kombinierter Kopf- und Seitenrampe sowie ein Freiladegleis mit Bockkran schließen sich gleich daneben an. Zwei Ausziehgleise und ein Wartegleis für die Schiebelok sorgen dafür, daß der Güterverkehr in Karlshorst reibungslos läuft. Noch in der Bahnhofsausfahrt machen beide Strecken eine enge Rechtskurve und führen auf das 60 Zentimeter breite und 3,40 Meter lange Verbindungsteil, das vor dem Fenster des Zimmers steht. In Fahrtrichtung rechts liegen neben den Ausfahrgleisen E-Lok-

Das Werk Steinfeld der »Trafo-Union« ist ein guter Kunde der Eisenbahn. Die Bedienung des Anschlußgleises ist Sache der Köf, die freilich mit dem schweren Tiefladewagen tüchtig zu kämpfen hat.

Aufwendige Arbeiten: Zahlreiche fleißige Preiserlein sanieren das Tunnelportal am Bahnhof Steinfeld, während der Betrieb weiterläuft.

Bw und Fahrleitungsmeisterei. Während die elektrifizierte Strecke gleich dahinter in einem Tunnel mit Gleiswendel und anschließendem Schattenbahnhof verschwindet, schwenkt die Paradestrecke nach rechts ab.

Auf einem Damm führt sie am hinteren Anlagenrand entlang. Auch hier ließ sich Bernd Jörg vom Vorbild inspirieren: »Dieses Stück habe ich der Spessartrampe im Verlauf der Strecke Frankfurt–Würzburg nachempfun-

Steinfeld ist für Eisenbahnfreunde immer eine Reise wert, denn im ehemaligen Bw hat die DGEG ein Eisenbahnmuseum eingerichtet, das zahlreiche Schätze birgt, darunter ein »Glaskasterl« und einen Wismarer Schienenbus.

Auch die Eisenbahnarchäologen kommen in Steinfeld auf ihre Kosten: Einst zweigte hier eine strategische Umgehungs-bahn von der Hauptstrecke ab, bis zum Einfahrsignal liegt das Gleis noch. Die Fundamente der Brücke und das zugemauerte Tunnelportal verraten, daß die Bahn für zweigleisigen Betrieb ausgelegt war.

den«. Dabei kreuzt die Bahnlinie ein Flüßchen auf einer filigranen Messingbrücke, die aus einem Brawa-Bausatz entstand. Dann mündet auch sie in einen Tunnel mit Gleiswendel. An deren Ende folgt aber noch kein Schatten-bahnhof, sondern nach der Tunnelausfahrt die viergleisige Station »Steinfeld«. In diesem Bahnhof sorgen eine Ortsgüteranlage, eine Trafofabrik und eine Brauerei für einen abwechslungsreichen Betrieb. Das Anschluß-gleis des Gerstensaftproduzenten führt mitten durch das kleine Fachwerkstädtchen.

»Früher zweigte hier eine strategische Neben-bahn ab, die man aber schon längst abgebaut hat«, spinnt Bernd Jörg die Geschichte weiter. Perfekt hat er die Reste der Strecke in Szene gesetzt. Am Stellwerk »Swf« steht das alte Einfahrtsignal, die Brücke führt noch über das Flüßchen, dahinter folgt das zugemauerte Tunnelportal. Der ehemalige Lokschuppen von Steinfeld dient einem Eisenbahnmuseum

als Unterstand. Wenn der Zug den Bahnhof verläßt, verschwindet er nach einer Rechtskur-ve wiederum im Tunnel, wo die Stecke in einem weiteren Schattenbahnhof der Anlage endet.

Insgesamt drei Schattenbahnhöfe sorgen dafür, daß immer genügend Triebwagen und Züge bereit stehen. Die Zufahrt verläuft jeweils über eine mehrstöckige Gleiswendel. Alle Schattenbahnhöfe haben acht Gleise, jedes mit einer Läge von mindestens zwei Metern. Die Züge brauchen nicht Kopf zu machen, denn alle Abstellgleise münden in eine Kehrschleife.

Die Landschaft entstand nach den bekannten Methoden aus Fliegendraht, Styropor, Bau-schaum und Gips. die Häuser stammen aus den Sortimenten verschiedener Hersteller und sind gealtert. Aber nicht nur alle Gebäude-bausätze behandelte Bernd Jörg nach, auch die Autos erhielten einen anderen Anstrich

Der ganze Stolz der Bundesbahn war in den 60er Jahren die V 200. Mit einer stilreinen Garnitur aus »Pop-Wagen« legt sich der edle Renner oberhalb von Steinfeld elegant in die Kurve.

Für die schweren Güterzüge auf der Hauptstrecke setzt die DB nach wie vor auf die Dampfloks. Eine 41er mit Altbaukessel wartet mit ihrem Dg in Steinfeld auf die Weiterfahrt.

Ein beliebtes Ausflugsziel der Preiserlein ist das Denkmal hoch über der Stadt. Vor allem an Sonntagen herrscht hier reges Treiben.

Auch eine Art der Freizeitbeschäftigung: Ganz offensichtlich ist der Frühschoppen den Herren nicht so richtig bekommen – eines der fünf Biere war wohl schlecht ...

Der Hobbygärtner weiß seine Freizeit sinnvoller zu nutzen. Mit Liebe und Sorgfalt hegt und pflegt er zusammen mit seiner Familie die Pflänzchen, damit er im Herbst die Ernte einfahren kann.

und farblich markierte Scheinwerfer und Rückleuchten. Den Hintergrund gestaltete der findige Modellbahner selbst: Zuerst klebte er Tapeten mit der Vorderseite an die Wand, auf die glatten Rückseiten malte er Wolken und Himmel. Den Blick in die ferne Landschaft ermöglichen die ausgeschnittenen Hintergründe von Faller und Vollmer.

»Details sind mir sehr wichtig«, bekennt Bernd Jörg. »Immer wieder fand ich Stellen auf der Anlage, die ich noch verbessern wollte«. Liebevoll stellte er überall kleine Alltags-Szenen nach: Da schwanken drei Saufkumpane aus der Kneipe nach Hause, an einem Flüßchen gehen Angler ihrem beschaulichen Hobby nach, ein Eisenbahner arbeitet nach dem Dienst in seinem Garten. Im DGEG-Museum »Steinfeld« fotografieren Eisenbahnfreunde die Veteranen der Schiene. Mit den

Jahren verteilte der Modelleisenbahner rund 1000 selbstbemalte Preiserfiguren auf seiner Anlage.

Genauso wie der Ausflug nach Offenburg den Anlagenbau beeinflußte, kamen dem passionierten Modellbahner auf weiteren Urlaubsreisen neue Ideen. Nach einem Besuch im Teutoburger Wald entstand auf einem bewaldeten Hügel ein Bauwerk, das seine Verwandtschaft mit dem bekannten Hermannsdenkmal nicht verbirgt. Die Figur auf der Kuppel fand sich in einem Überraschungsei, die Kuppel aus Kunststoff bearbeitete ein Bekannter. Die Säulen entstanden schließlich in der eigenen Werkstatt aus Käfigstangen. Manchmal bereitet es Probleme, die Ideen umzusetzen, wie die Baustelle an einem Tunnel zeigt: Vor der Öffnung steht ein Baugerüst, auf dem Arbeiter das Portal sanieren. Das Baugerüst stammt

Die moderne Zeit macht auch vor Karlshorst nicht Halt. Neben dem Dampflok-Bw verfügt die Dienststelle längst auch über ein

Lok-Schuppen, vor dem sich an einem Samstagnachmittag eine illustre Runde versammelt hat. (Alle Aufnahmen: Uwe Lechner)

Von der Bahnverwaltung stillschweigend geduldet wird die Zweckentfremdung der leicht desolaten Brücke durch die Petri-Jü...

aus einem Vollmer-Bausatz, der dazugehörige Rohbau liegt noch immer im Karton. Mit viel Geduld und Liebe zum Detail gelang Bernd Jörg ein Lehrstück für harmonische Anlagengestaltung, die an keiner Stelle überladen wirkt. Das überzeugte auch die Jury des MODELLEISENBAHNER-Wettbewerbs, die ihm den zweiten Preis in der Kategorie »Heimanlage« zuerkannte. Eine Anlage dieser Größe erfordert eine raffinierte und ausgefeilte Technik. Bei der elektrischen Ausstattung entschied sich Bernd Jörg für konventionelle Relais. Sein Gleisbildstellpult baute er selbst, die Teile erstand er im Elektronikfachhandel. Den Zugverkehr steuert man über zwei Elektronikfahrregler, ebenfalls ein Eigenbau. Ihr Clou: Eine Anfahrschaltung sorgt dafür, daß alle Loks und Triebwagen so vorbildgerecht wie möglich anfahren – egal, ob im Bahnhof oder vor einem Streckensignal. Für den Bahnhof Steinfeld entstand ein separates Pult mit einem eigenen Fahrregler. Das Digitalsystem hat bei Bernd Jörg keine Chance, der Funktechniker bekennt offen: »Wenn ich zu Hause bin, möchte ich keine Leiterplatten mehr sehen«.

Die gesamte Anlage ist in 15 Abschnitte unterteilt. Jeder Abschnitt kann entweder auf einen der beiden Hauptfahrregler oder einfach ausgeschaltet werden. In den Schattenbahnhöfen löst jeder Zug am Gleis den Kontakt aus, der die Stromzufuhr unterbricht. Automatisch wechselt die Anzeige im Stellpult von Grün auf Rot. Erst per Knopfdruck gibt man das Gleis wieder frei. Die Weichen im Schattenbahnhof werden über eine Relaismatrix mit nur einem Taster je Gleis gestellt.

Doch über aller Technik vergißt der N-Bahner nicht, daß hier Spiel, Spaß und Erholung im Vordergrund stehen. Zur Entspannung zieht sich Bernd Jörg in sein Modellbahn-Zimmer zurück und vergißt für zwei Stunden den Alltag. Dabei rollen nicht nur vorbildgetreue Züge über die Anlage: »Ich spiel' ganz einfach.«

Hartmut Lange

Der Wilde Westen in 0n3

von Thomas Hanna-Daoud

Adliswil goes Poncha Junction

(aus: meb-Sonderheft 3)

Emsig drehen sich die Räder von Dampflok 315. Eben noch durchfuhr die Maschine der Denver & Rio Grande Western Railroad einen Tunnel, nun passiert sie schon eine Brücke. Monarch Branch, das Ziel in den Bergen, ist nicht mehr weit.

Die Strecke liegt aber nicht im Westen der USA, sondern rund 4000 Meilen entfernt, jenseits des Atlantiks. In Adliswil bei Zürich zeigen die American Railroadfans in Switzerland die Gebirgslandschaft Colorados auf einer Modulanlage der amerikanischen Baugröße 0. Bei den Vorführungen fahren dort Züge im Maßstab 1:48 zwischen Monarch Branch, Mears Junction und Poncha Junction. Die Stationsbezeichnungen sind kein Zufall; beim Vorbild D&RGW gab es Bahnhöfe mit denselben Namen.

Um 1870 hatte die Bahngesellschaft begonnen, die Rocky Mountains in Colorado zu erschließen. Bald arbeitete sie sich auch von der Stadt Salida am Arkansas River in die östlich gelegenen Berge vor, hin zu den reichhaltigen Silbererz- und Holzvorkommen. In einem Hochtal entstand der Bahnhof Poncha Junction, zu deutsch »Poncha Kreuzung«. Der Name war Programm, denn in der kleinen Station verzweigte sich die Strecke. Eine Linie führte ostwärts nach Monarch Branch, die andere gen Süden zum nächsten Kreuzungsbahnhof Mears Junction. Um die Baukosten zu senken, wählte die D&RGW die seltene

Mit Volldampf in die Berge: D&RGW-Lok Nr. 315 rumpelt mit ihrem Personenzug über eine abenteuerliche Holzbrücke unweit des Zielbahnhofes Monarch Branch.

Hier hat's wohl mal gekracht: Ob einst »Railtroubler« einen Zug zum Entgleisen gebracht haben oder ob einfach die Holzbrücke nachgegeben hat, weiß heute niemand mehr so genau. Jedenfalls künden die rostigen Reste davon, daß an dieser Stelle einmal ein Eisenbahnfahrzeug auf Abwege geriet.

Vor allem Silbererze lockten einst die D&RGW in die Berge um Poncha Junction. Auch im Modell fehlen die hölzernen Minengebäude nicht.

Spurweite von drei Fuß, umgerechnet 914 Millimeter. Ab 1956 nagelte man die Gleise auf Normalspur um.

Die Anlage der eidgenössischen US-Bahn-Fans spielt in der Zeit der 20er und 30er Jahre, als es beim Vorbild noch regen Schmalspurbetrieb gab. Mit dieser Entscheidung erhielt auch das Modell eine ungewöhnliche Spurweite: 0n3, die Nachbildung der Drei-Fuß-Spur in 1:48. Hier beträgt die Spurweite 19,1 Millimeter. Bei den Railroadfans in Adliswil findet man die Strecken um Poncha Junction in verkürzter Form wieder. Die Station selbst ist der betriebliche Mittelpunkt der 12,5 Meter langen und bis zu vier Meter breiten Modulanlage. Dort gabelt sich vorbildgetreu die Linie. Eine Strecke führt zu einem Minengebiet namens Monarch Branch, eine zweite

allerdings zu einem Schattenbahnhof, den die US-Bahner in Anlehnung an den echten Zielbahnhof Mears Junction tauften. Anders als beim Vorbild wurden Monarch Branch und Mears Junction auch miteinander verbunden. Die Strecke Richtung Salida existiert bislang nur als Stumpfgleis in Poncha Junction.

Dem aktuellen Modell-Gleisplan gingen mehrere Versionen voraus. Zuerst hatte sich Fred Kiener, einer der US-Bahn-Fans, für die Region um Poncha Junction begeistert. Sein 1988 gebautes Diorama zeigte ein Streckenstück im Gebirge, mit einer Mine und einer Brücke. Fred Kiener gab seinem Werk den Namen »Monarch Branch«.

Die anderen Railroadfans übernahmen das Thema. Eine achtköpfige Gruppe erweiterte das Diorama zu einem Rundkurs mit Tunneln und einem dreigleisigen Schattenbahnhof hinter dem Felsmassiv. Mittlerweile hatte die 0n3-Modellbahn noch einen Mitstreiter gewonnen – Alfred Niederhäuser. Passend zu Monarch Branch baute er den im Original nächstgelegenen Kreuzungsbahnhof Poncha Junction. Zudem kümmerte sich der Bastler um die Elektrik und die Schaltungen der Anlage. Sie besteht inzwischen aus 15 Modulen, die alle als Plattenbauten konstruiert sind. Die Betreuung der Modellbahn liegt seit Mitte 1995 bei Alfred Niederhäuser.

Die Railroadfans scheuten keine Mühe, denn das Werk sollte so realistisch wie möglich wirken. »Wir wollten«, so Alfred Niederhäuser, »die Atmosphäre Colorados in die Schweiz holen«. Entsprechend führt die Bahn auch in 0n3 auf kühnen Bauten durch karge Berge.

Die Brücken in der US-typischen Balkenkonstruktion entstanden aus Holzprofilen von Northeastern. Die felsigen Hänge wurden zunächst mit Sperrholz, Hartfaserplatten und Zeitungspapier vormodelliert. Hernach verwendeten die US-Bahner Spachtelmasse zur Ausgestaltung. Die in Woodland-Formen gegossenen Gesteinsformationen zeigen das zerklüftete Aussehen des Vorbilds. Es dominieren graue und gelbe Farbtöne. Die Vegetation ist buchstäblich spärlich gesät – mit einzelnen Tannen von Heki und mit Woodland-Gras.

Die Gleise für die Bahnlinie fertigten die Railroadfans, indem sie 2,5 Millimeter hohe Schienenprofile auf Schwellen aus Northeastern-Holzprofilen nagelten. Messinglehren gaben die 0n3-Spurweite vor. Das Material stammt

Die Grubenwagen für die Mine baute Alfred Niederhäuser nach einem Vorbildfoto.

»High noon in Poncha Junction«: Es ist Zeit für den Mittagszug. Der Stationsvorsteher hat seine Mütze aufgesetzt und ist vor das Stationsgebäude getreten. Gleich wird der verschlafene Bahnhof erwachen..

...denn um die Mittagszeit kreuzen hier zwei Züge und dann kommt Leben auf das Gelände. Im Vordergrund wartet Lok 271 mit einem Leerzug, auf dem Gegengleis läuft der Personenzug mit Lok 315 ein.

von den Schweizer Firmen Feather-Products und Old Pullman. Beide vertreiben auch die Weichenbausätze, die Alfred Niederhäuser mit Switchmaster-Antrieben ausrüstete. Dabei stellt ein Gleichstrommotor die Weiche. Er erhält dauerhaft Strom, wird jedoch durch Begrenzungen in der Endstellung fixiert. Ein Widerstand begrenzt die Stromaufnahme, damit der Motor keinen Schaden nimmt. Die auf die Platten geklebten Schwellen der Gleise wurden, wie einst das Original, sparsam und ungleichmäßig eingeschottert. Neben Heki-H0-Schotter liegen Woodland-Streumaterial und Natursteinchen im Gleis.

Die meiste Arbeit erforderte Poncha Junction, schon allein deshalb, weil Gleispläne für den Bahnhof fehlten. Wo historische Fotos nicht mehr weiterhalfen, entwickelte Alfred Niederhäuser die Station nach eigenen Überlegungen. So erhielt der dreigleisige Bahnhof eine Drehscheibe und einen Wasserturm, deren Vorbilder aus anderen Stationen der D&RGW stammen. Beide Bauten sind in dieser

Nachdem die Lok abgekuppelt hat, rollt sie auf die Scheibe und wird gedreht. Wie einst im Original sind die Bühnenteile auch im Modell mit Seilen an dem Joch in der Mitte aufgehängt.

Form typisch für diese Bahngesellschaft. Die Modelle entstanden, wie fast alle Gebäude, aus Northeastern-Holz. Rund um die Bahn schufen die Schweizer buntes Leben – im wörtlichen Sinne, denn sie haben die Figuren selbst bemalt. Fässer, Holzstapel und rostfarbene Kleinteile setzen zusätzliche Akzente.

Für einen Europäer mutet die Drehscheibe außergewöhnlich an: die Bühnenteile sind, ähnlich einer Hängebrücke, an einem Joch in der Mitte aufgehängt. Statt einer Drehscheibengrube gibt es nur eine flache Kuhle und Auflaufbretter an den Gleisanschlüssen. Bei seinem Modell spannte Alfred Niederhäuser Messingdraht als Aufhängung und verklebte diesen mit dem Joch sowie den Bühnenteilen. Es entstand eine solide Konstruktion – die Bühne trägt bis zu drei Kilogramm Gewicht. Gedreht wird das Modell durch einen mecha-

nischen Antrieb aus den Teilen des Märklin-Metallbaukastens. Mit einer Handkurbel bewegt man über Zahn- und Schneckenrad die Bühne.

Die Maße des Wasserturms richtete Alfred Niederhäuser nach dem Bedarf aus, den er für Poncha Junction vermutete. »Ungefähr 20000 Gallonen«, erläutert der Modellbauer, »hätten beim Vorbild in dem Behälter Platz – das reicht für etwa drei Tenderfüllungen«. Das Gerüst und der Behälter bestehen vorbildgetreu aus Holz, nur das Dach fertigte der Schweizer aus Kartonschichten. Die mit einem Messer eingeritzten Dachschindeln wurden zusätzlich mit einer Feilenbürste behandelt; so macht das Dach einen verwitterten Eindruck. Der Ausleger stammt von der Firma Grandt Line; ihn kann man exakt über den Einlaß der Tender schwenken.

Direkt in den Berghang gebaut wurde das hölzerne Gebäude, in dem die vierachsigen Erzwagen beladen werden.

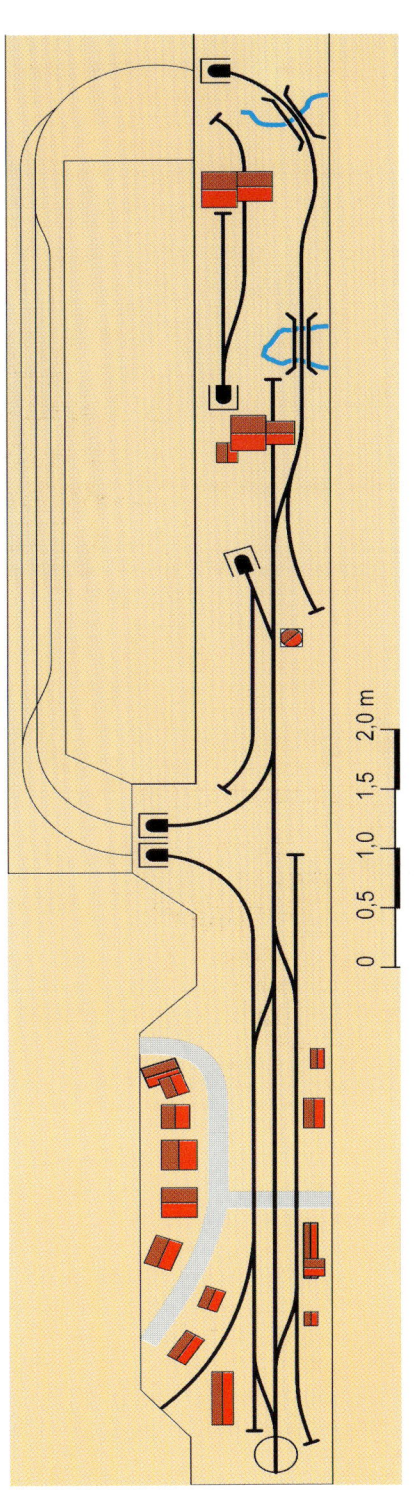

»Da staunt der Miner...« – echter als die Modellmine dürfte das große Vorbild seinerzeit auch nicht ausgesehen haben..

Bei Ausstellungen lassen die US-Bahner drei Dampfloks fahren: Nummer 271 und Nummer 315 mit der Achsfolge 1'D (US: 2-8-0) sowie Nummer 461 mit der Achsfolge 1'D 1 (2-8-2). Wie beim Vorbild dominiert der Güterverkehr, Personenzüge sind die Ausnahme. Die Loks stammen von Overland, PSC und Sunset. Die Wagen montierten die US-Bahner aus Bausätzen von San Juan. Die Steuerung erfolgt mit einem mobilen Fahrpult, den Strom liefert eine von Alfred Niederhäuser verlegte Ringleitung.

Einmal im Jahr öffnen die Railroadfans ihren Anlagenraum unterm Dach des Adliswiler Schulhauses Kronenwiese für das Publikum. Dabei kann man auch die 0n3-Anlage besichtigen. Wer nicht so lange warten möchte, sollte sich an Werner Meer, Tel. (0041/1) 715 3666, Fax 715 3660, wenden. Alfred Niederhäuser hat derweil neue Pläne. Er möchte am Ausfahrtgleis nach Salida einen zweiten Rundkurs anschließen. Dann soll auf der Modellbahn auch der San-Juan-Expreß fahren, der legendäre Personenzug, mit dem die D&RGW einst einen Anschluß von Denver in die Rocky Mountains bot. »Man stelle sich vor«, schwärmt Alfred Niederhäuser, »dieser Zug würde durch Poncha Junction rauschen – das wäre schon etwas Exklusives«.

Thomas Hanna-Daoud

Auf einen Blick

Modulanlage aus 15 Plattenmodulen nach amerikanischen Motiven

Nenngröße: 0n3 (1:48)

System: Zweileiter-Gleichstrom

Spurweite: 19,1 mm

Thema: Schmalspurgebirgsbahn nach Vorbildmotiven der Denver & Rio Grande Western

Epoche: ca. 1920/30

Größe: 12,5 m lang, max. 4 m breit

Erbauer: American Railroadfans in Switzerland

Rollendes Material: Overland, PSC, Sunset (Lokomotiven), San Juan (Wagen)

Gleismaterial: Eigenbau aus 2,5 mm-Profilen und Northeastern-Holzprofilen der Firmen Feather Products und Old Pullman

Und schon ist die Maschine wieder unterwegs. Langsam keucht sie mit ihrem Zug aus dem Tunnel. Der schwarze Felsen über den Gleisen verrät, daß die Dampfloks hier mächtig schnaufen müssen, um ihre Züge den Berg hinaufzuziehen.

Der Tender ist gefüllt, der Heizer schließt die Klappe. Unterdessen halten John und Hank einen small talk im Schatten der Lokomotive.

Nur kurz ist die Dämmerung im Gebirge, dann bricht die Nacht über Poncha Junction herein und die Eisenbahner gehen zur Ruhe. Zuvor jedoch muß der Spätzug auf die Reise geschickt werden.

*»Bye, bye...« – in die untergehende Sonne rollt der Zug seinem Ziel entgegen. Ob allerdings der Zugbegleiter in seinem Caboose ein Lied auf den Lippen hat wie weiland der legendäre Lucky Luke, entzieht sich der Kenntnis des Fotografen...
(Alle Aufnahmen: Daniel Wietlisbach)*

Reichsbahnromantik in TT

von Thomas Hanna-Daoud

Formel Drei
(aus: meb 9/96)

Die Szenerie gleicht einem Herbstmorgen. Die Anlage liegt in weichem, diffusem Licht. In der Station Neuhaus beginnt der Fahrbetrieb. Soeben hat der erste Zug Einfahrt. Zunächst hört man nur ein leises Rattern im Tunnel. Bald aber kommt die Garnitur zum Vorschein; eine preußische T 3 zieht ihre Übergabe in den Bahnhof hinein. Der Zug hält, die Maschine kuppelt ab und setzt um. Dann verteilt sie die mitgebrachten Waggons auf die Ladegleise der Güterabfertigung. Jetzt ist Falk Helfinger in seinem Element. Denn seine kompakte TT-Anlage bietet zahlreiche Möglichkeiten, wie man Waggons rangieren und neu zusammenstellen kann. Nicht das Fahren, sondern der Rangierbetrieb steht hier im Mittelpunkt. Die Geschichte der Anlage reicht bis zum Ende der siebziger Jahre zurück. Falk Helfinger wohnte damals mit den Eltern in Jena. Sein Vater baute den Rahmen für eine Anlage. Aus Holzleisten entstanden zwei Rahmenhälften, die zusammen 2 mal 0,9 Meter messen. Darauf wurden Hartfaserplatten geschraubt. Zunächst nutzte man den Rahmen für ein H0-Oval inklusive Bahnhof. Dann kam ein TT-Kreis hinzu. Aber schon bald entschied sich Falk Helfinger für eine reine TT-Anlage. Diese versah er mit Pilz-Vollprofilgleis und Hohlprofilweichen der Firma Berliner TT-Bahnen. Nun konnten Züge zwischen zwei Stationen auf zwei Ebenen verkehren. Im unteren Bahnhof gab es einen Bekohlungsanlage und eine Die-

Ein leises Rattern im Tunnel, das immer lauter wird. Dann plötzlich kommt ein Zug zum Vorschein. 89 7493, eine waschechte preußische T 3, rumpelt mit ihrer Übergabe in den Bahnhof Neuhaus.

Nachdem die Lok abgekuppelt hat, erwacht der Bahnhof zum Leben. Ein Rungenwagen mit Stammhölzern wird an die Ladestraße gestellt, um dort entladen zu werden.

seltankstelle. Doch auch die zweite Anlage genügte den Ansprüchen des Thüringers noch nicht. »Ich habe die Gleise damals einfach drauflos verlegt«, gesteht er heute, »das ergab keinen sinnvollen Betrieb«. Daher entschloß sich Falk Helfinger ein weiteres Mal zum völligen Neubau.

Als 14jähriger begann der Modellbahner 1982 damit, seine Idee in die Tat umzusetzen. Als Motiv wählte er die Übergangszeit zwischen Epoche III und IV. Auf ein konkretes Vorbild verzichtete er jedoch. Der Neubau sollte vor allem den Spielwert erhöhen und die landschaftliche Gestaltung verbessern. Der Kern des jetzigen Anlagenkonzepts ist die Formel Drei: Zwischen drei Bahnhöfen auf zwei Ebenen kann ein Betrieb mit vielen Variationen stattfinden. In der unteren Etage gibt es einen Schattenbahnhof. Er beherbergt fünf Gleise. Auf der gleichen Ebene liegt der Bahnhof »Neuhaus«, die untere der beiden sichtbaren

Stationen. Hier befindet sich der betriebliche Mittelpunkt der Anlage. Neuhaus ist Durchgangsstation der eingleisigen Hauptbahn, welche durch Tunnels zum Schattenbahnhof führt. In einem der Tunnel zweigt außerdem die eingleisige Nebenstrecke von Neuhaus zum oberen Endbahnhof »Marienberg« ab. Im Unterschied zur vorigen Anlage wurde der Neubau von Anfang an einer exakten Planung unterworfen. Bei der Länge des Bahnsteiggleises in Neuhaus etwa setzte sich Falk Helfinger konkrete Vorgaben: Auf diesem sollte eine Diesellok der Baureihe 119 mit vier vierachsigen Reisezugwagen Platz finden. Mehr Raum konnte der Bahnsteig jedoch nicht einnehmen, denn die Station Neuhaus erhielt zusätzlich ein vergrößertes Bahnbetriebswerk und eine eigene Güterabfertigung. Die Endstation der Nebenbahn, Marienberg, wurde ebenfalls ausgebaut. Auf der oberen Ebene ist jetzt sogar ein kleiner Lokbahnhof vorhan-

Am Nachbargleis hingegen werden die »fragilen« Fertigprodukte auf Flachwagen verladen, den Verschub versieht die ortsansässige Köf.

Blick auf die kleine Bahnmeisterei: Auf und an den Gleisen rund um Neuhaus gibt es immer wieder etwas zu tun. Da müssen Schwellen ausgetauscht oder Formsignale repariert werden. Um für alle Eventualitäten gerüstet zu sein, sammeln die Bahnarbeiter alles, was noch irgendwie verwertbar ist.

Für die Versorgung der Dampfloks verfügt Neuhaus über ein kleines Betriebswerk. Während der Heizer von 86 1615 seine Maschine für die nächste Fahrt schmiert, bringt die Köf Nachschub für den kleinen Kohlebansen.

Ordnung ist das halbe Leben. Vorbildlich hängen die verschiedenen Feuerungsutensilien am eigens gebauten Metallgerüst.

den. Dort können Dampflokomotien nach ihrer anstrengenden Bergfahrt Wasser nehmen und Kohle fassen.

Der Thüringer Wald mit seinen dichten Baumbeständen und tiefen Felseinschnitten gab die Anregungen für das Gelände der neuen TT-Anlage. Dem Vorbild entsprechend, ist auch im Modell die Eisenbahn von einer wildromantischen Landschaft umgeben. Zwischen Neuhaus und Marienberg liegt ein breiter Gürtel aus Felsen und Vegetation, die die beiden Bahnhöfe optisch trennt. Um diesen Eindruck zu erwecken, mußte Falk Helfinger die Station Neuhaus begrenzen. Für ein Empfangsgebäude war kein Platz vorhanden. Dieses, so erläutert der Bastler aus Thüringen befindet sich außerhalb der Anlage.

Die Gebäude und Gleise der unteren Etage setzte Falk Helfinger auf die zum Anlagenrahmen gehörenden Platten. Auch die Nebenstrecke und der Bahnhof Marienberg liegen auf Hartfaserplatten; sie werden von Holzleisten gestützt. Aufeinandergeschichtete Wellpappe bildet den Unterbau für die hügelige Landschaft. Die Vegetation besteht aus handelsüblichen Bäumen und Grasmatten. Stationen und Strecken sind mit Blick für das Detail in das Gelände integriert. Tunnelportale und eine große Stützmauer in Neuhaus zeigen, daß die Bahnanlagen in mühsamer Arbeit der rauhen Felslandschaft abgetrotzt wurden. Sowohl an den Portalen als auch an der Stützwand wuchern Gras und Büsche über das Gemäuer.

Für die Gleisanlagen verwendete der Modellbahner wiederum das Material von Pilz und Berliner TT-Bahnen. Die Weichen wurden mit einem Umrüstsatz auf Unterflur-Antrieb umgebaut. Im Schattenbahnhof polarisierte der Thüringer die Herzstücke, so daß die Lokomotiven auf den dortigen Weichen zuverlässig Strom erhalten. Selbstgebaute Entkuppler von der vorigen Anlage fanden in den drei Bahnhöfen Verwendung. Um den Fahrbetrieb lebendiger zu gestalten, teilte Falk Helfinger den Stromkreis in 14 einzelne Abschnitte auf. Zusätzlich kann man innerhalb dieser Abschnitte den Strom in bestimmten Bereichen abschalten. Wesentlich erweitert werden die Spielmöglichkeiten durch die Z-Schaltung: Jeder der 14 Abschnitte läßt sich einem der beiden elektronischen Fahrregler zuschalten. Dies ermöglicht gleichzeitigen Betrieb auf engstem Raum: Während eine Lokomotive den Bahnsteigbereich Richtung Betriebswerk verläßt, kann eine andere Maschine vom Nachbargleis kommen und die Waggons rangieren. Gesteuert wird die Anlage über ein selbstgebautes Fahrpult mit Gleisbildstellwerk. Das Pult paßt an die vordere Anlagenkante, man kann es aber auch über einige Meter Entfernung via Kabel anschließen.

Mit Artikeln aus dem Handel gestaltete Falk Helfinger die Anlage aus. Von Vero und Mamos stammen unter anderem der Bahnhof Marienberg sowie Lokschuppen, Wasserturm und Wasserkräne in Neuhaus. Signale, Signal-

---

Auf einen Blick

TT-Heimanlage

Nenngröße: TT	**Erbauer:** Falk Helfinger
System: Zweileiter-Gleichstrom	**Gleismaterial:** Vollprofilgleise von Pilz, Weichen von Berliner TT-Bahnen
Thema: eingleisige Hauptbahn mit abzweigender Nebenbahn nach Motiven aus dem Thüringer Wald	**Rollendes Material:** Reichsbahnfahrzeuge von Berliner TT-Bahnen, Jatt, pmt und Hosse
Epoche: III-IV	

Doch auch in Neuhaus macht sich schon die moderne Traktion breit: Vor dem Personenzug aus der nahen Kreisstadt brummt bereits eine V 100.

Der nachmittägliche Arbeiterzug besteht aus einer Doppelstockgarnitur – für die zahlreichen Werktätigen würden die Reko-Dreiachser nicht ausreichen.

Wenig später hat der Zug den Bahnhof Neuhaus erreicht und kommt mit kreischenden Bremsen am Bahnsteig zum Halten.

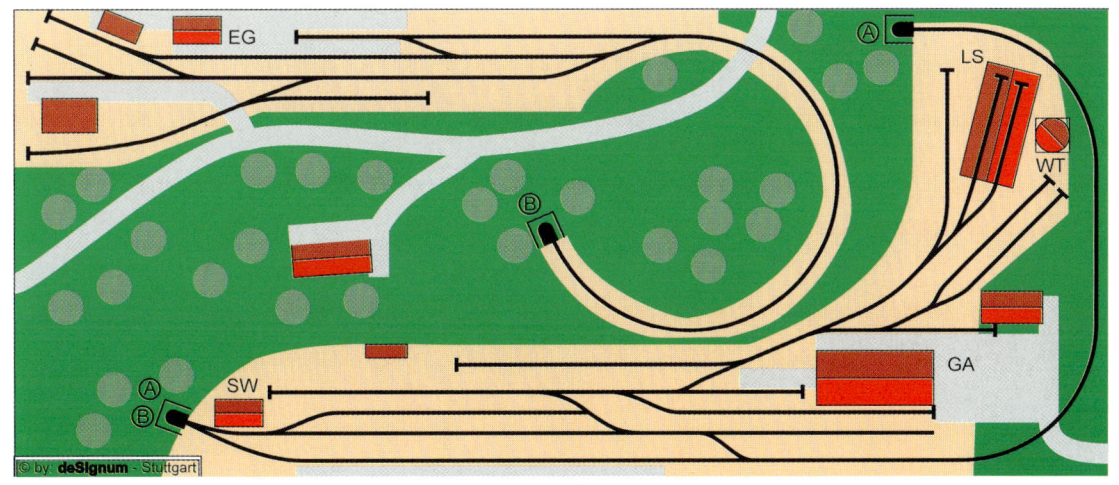

Außerhalb der Stoßzeiten genügt allerdings ein Solo-VT für den Personenverkehr. Soeben brummt der gut gepflegte Triebwagen aus dem Tunnel.

Nicht zu übersehen sind die »quietschgelben« V 100 für den schweren Rangier- und Güterzugdienst, die die Reichsbahn als BR 111 einreihte. Vor einer Garnitur Zementwagen brummt 111 004 durch den Bahnhof.

Das Bahnhofsgelände in Neuhaus wirkt an manchen Stellen ein wenig »verwildert« – aber im Gegensatz zu heutigen sterilen Betonfertigbahnsteigen wirkt der grasbewachsene Bahnsteig doch um einiges einladender.

»Ausfahrt frei!« – Nachdem alle Reisende eingestiegen sind, hebt der Zugführer den Arm, ein kurzer Pfiff, und die Donnerbüchsen setzen sich ruckelnd in Bewegung. Der Zugführer des Gegenzuges schaut seinem Kollegen interessiert bei der Arbeit zu.

schilder, Bahnsteiglampen und Telegrafenmasten bot ebenfalls das Ladenregal an. Doch vieles, was auf Falk Helfingers Wunschzettel stand, war im Handel nicht erhältlich: Vor allem TT-Zubehör, aber auch einige Gebäude fehlten.

Hier half oft nur ein Um- oder Eigenbau weiter. Dabei bewies der Thüringer Improvisationsgabe und Erfindungsreichtum. So rüstete Falk Helfinger einen handelsüblichen Bahnübergang mit Antrieb aus. Den besorgt ein 24-Volt-Synchronmotor, der auf eine Kunststoffscheibe aus dem Stabilbaukasten wirkt. Über eine Achse, welche an der Scheibe montiert ist, wird die Dreh- in eine Zugbewegung umgewandelt. Zwei mit der Achse verbundene Nylonfäden ziehen die Schrankenbäume nach oben. Stahlfedern drücken die Bäume wieder nach unten. Ausgelöst wird der Antrieb per Knopfdruck. Wenn die Schranken den Hochpunkt erreicht haben, schaltet ein Mikrotaster den Motor aus. Mit Winkeln aus dem Stabilbaukasten ist der Antrieb unter der Anlage befestigt.

Im MODELLEISENBAHNER fand der Thüringer einen Baubericht für eine Bekohlungsanlage. Der Anleitung folgend, setzte er aus TT-Schienen und Streichhölzern den Kohlebansen zusammen. Als Kranunterbau dient ein mit Mauersteinpapier beklebtes Holzklötzchen. Die Kohlenhunte entstanden aus gebogenen und miteinander verlöteten Messingblechstücken. Stecknadelköpfe imitieren die Räder. Der Kran dagegen ist kein Eigenprodukt; er stammt von einem handelsüblichen Fertigmodell. Auch das Kohle-Imitat, mit dem der Kohlebansen gefüllt wurde, kam aus dem Ladenregal.

Nahe bei der Bekohlungsanlage steht ein weiterer Selbstbau, das Werkzeuggerüst. Das Gestell wurde von Falk Helfinger aus Draht gebogen und gelötet. Die Flächen der Schaufeln schnitt der Modellbahner aus Blech zurecht. Als Stiele lötete er Drähte an, die an den Oberseiten zu Ösen gebogen sind. Damit lassen sich die Schaufeln in die Häkchen das Gestells einhängen. Die Schürhaken sind ebenfalls aus gebogenem Draht gefertigt.

Im Eigenbau entstanden zudem sämtliche Tunnelportale sowie die Stützwand im Bahnhof Neuhaus. Nach NEM-Maß sägte Falk Helfinger die Tunnelöffnungen aus Preßpappe aus. Aufgeklebte Steinprägepappe imitiert das Mauerwerk der Tunneleingänge. Die Portalbögen bildete der Thüringer Bastler mit einzeln ausgeschnittenen und angeklebten Steinen der Prägepappe nach. In derselben Weise fertigte er die Tunnelsimse. Neben den Tunneleingängen klebte er Isolatoren auf, die er von Telegrafenmasten abgezwickt hatte. Auch für die Stützwand verwendete Falk Helfinger Steinprägepappe. Er schnitt die Rundbögen aus und hinterklebte sie mit einer weiteren Lage Prägepappe. Kerzenruß verlieh den Tunnelportalen wie der Stützwand das vorbildgetreu verschmutze Aussehen.

Bis 1994 dauerte der Bau der Anlage. Immer wieder gab es mehrjährige Pausen, unter anderem wegen einiger Wohnungswechsel Falk Helfingers. Er ging 1987 nach Lauscha, ein Jahr später nach Neuhaus am Rennweg und 1991 schließlich ins württembergische Remseck. Dort wurde die Anlage auch endgültig fertiggestellt. Falk Helfinger tauschte noch einige Bäume und Figuren aus. Die Ortschaft Marienberg erhielt Einfamilienhäuser. Einige Bahnsteiglampen ersetzte der Thüringer durch Pilzlampen von Brawa. Spannwerke und Weichenlaternen übernahm er von der Baugröße N. Deren Maßstab störte dabei nicht. »Manche N-Produkte«, so Falk Helfinger, »passen eigentlich besser zu TT«. Der Fahrzeugpark wurde ebenfalls ergänzt. Heute stehen Modelle von Berliner TT-Bahnen, Jatt, PMT und Hosse auf der Anlage. Das Nebeneinander von Dampf- und Dieseltraktion bürgt für einen abwechslungsreichen Betrieb: Kleinloks verrichten den Rangierdienst in den Bahnhöfen, während DR-Maschinen der Baureihen 86 oder 111 Güterzüge befördern. Den Personenverkehr prägen die DR-Baureihen 110 und 119 mit Doppelstock- oder Rekowagen. In verkehrsschwachen Zeiten bedient der kleine VT 135 die Strecke von Neuhaus nach Marienberg.

Aber auch ohne Betrieb gibt es auf der Anlage stimmungsvolle Szenen. Zum Beispiel, wenn die Güter verladen sind und die letzten Personenzüge den Bahnhof Neuhaus verlas-

sen haben. Der Arbeitstag geht langsam zuende, Ruhe kehrt in die Station ein. Vom Tageslicht ist nur ein letzter Schimmer geblieben. Lampen beleuchten nun die Bahnanlagen in

dezentem Gelb – bis zum nächsten Morgen, wenn der Betrieb in und um Neuhaus wieder beginnt.
Thomas Hanna-Daoud

Geschafft. Wieder ist ein Tag in Neuhaus zu Ende gegangen, die 86 ist von ihrer Tour zurück und wird noch einmal abgeölt. Gleich wird es dunkel.
(Alle Aufnahmen: Andreas Stirl)

»Schaffe, spare, Zügle fahre ...«

von Karlheinz Haucke

Auf den Straßen von Neumühlach
(aus: meb 5/98)

Die Bottwartalbahn läßt grüßen: Das schmalspurige Bähnlein, das bis 1968 auf dem 750-Millimeter-Gleis von Marbach nach Heilbronn ruckelte, hat viele Fans. Auch solche, die damals noch gar nicht geboren waren. Einer ist Jörg Schramm, gerade einmal 22 Jahre jung, aus Bietigheim. An die Ortsdurchfahrt Talheim bei Heilbronn erinnert der Dioramenbauer mit seiner Realfiktion von Neumühlach. »Irgendwo in Süddeutschland angesiedelt« hat der angehende Luft- und Raumfahrttechniker sein H0e-Diorama. Warum nicht in Talheim? »Da der Markt an erschwinglichen Schmalspurfahrzeugen nach württembergischem Vorbild leider begrenzt ist, muß man eben Kompromisse schließen«, bekennt der Student mit entwaffnender Offenheit.
Immerhin: Bemos V 51 901 verkehrte seinerzeit tatsächlich auf der Bottwartalbahn. Andere Schramm-Modelle wie das Schweineschnäuzchen waren dagegen zwischen Marbach und Heilbronn nie unterwegs, wohl aber in Süddeutschland. »Eben«, meint der junge Mann selbstbewußt und liefert auch gleich ein Beispiel aus der jüngeren Vergangenheit: »Schweineschnäuzchen und V 51 fuhren seit 1987 gemeinsam auf der Öchsle-Museumsbahn.« Und wie kommt ein begeisterter Märklinist zu diesem Schmalspurthema?

Spärlich ist der Personenverkehr auf den Schmalspurgleisen in Neumühlach, meist fährt anstelle des Zügleins der Bus, wenngleich das vielstrapazierte Argument, der Bus fahre im Gegensatz zum Zug direkt ins Herz der Ortschaften in Neumühlach erkennbar kein Wettbewerbsvorteil ist. Zu allem Überfluß führt der Busfahrer seine potentiellen Kunden auch noch in die Irre, denn offenbar hat er ein falsches Fahrziel in den Kasten gekurbelt...

Immerhin gibt es noch Personenverkehr. Zumeist reicht für das Fahrgastaufkommen das Schweineschnäuzchen aus, das sich laut hupend seinen Weg über die Mühlbachbrücke bahnt – mit dem Tempolimit dürfte der Schienenbus wohl kaum in Konflikt geraten.

Die besondere Situation der Talheimer Ortsdurchfahrt habe ihn einfach gereizt, erzählt Schramm. In Talheim teilte sich das Bähnlein Pflaster und Brücke mit dem Straßenverkehr: »Die Idee lieferte mir vor drei Jahren ein Bild in einem Eisenbahnbuch«, ergänzt der 22jährige.

Gerade einmal 60 Zentimeter lang und 50 Zentimeter breit ist das Diorama, das Schramm »einmal als Eckteil für meine H0-Anlage« zu verwenden gedenkt. Klein, aber fein: Mit sicherem Gespür für die Szenen am Rande, einem Blick für architektonische Details wie Kragbalken oder Sprossenfenster und vor allem mit dem nötigen Fingerspitzengefühl gestaltete der Bietigheimer seine Neumühlacher Miniwelt.

Gerade einmal acht Gebäude, davon nicht weniger als fünf Eigenbauten, die Straße mit dem Gleis im Planum, einen Bach, eine Brücke, einen Brunnen und wenige Bäume umfaßt das Diorama von 0,3 Quadratmetern.

Aber die sind voller Leben; Immer neue Einzelheiten entdeckt der Betrachter, kann sich kaum satt sehen. Der Blick gleitet über das treffend gelungene Pflaster, taucht ein in den Mühlenbach, verharrt bei den fleißigen Wäscherinnen, schwenkt weiter über die Ufermauern und Fachwerkgiebel, verfängt sich in den altertümlichen Strommasten der Dächer.

Gemach, nicht so schnell!

»Das Diorama entstand auf einem Sperrholzrahmen, in den ich die Einschnitte für das Flußbett eingearbeitet und aus dem ich den Anstieg zum Marktplatz zwischen Rathaus und Kirche herausgearbeitet habe«, beginnt Jörg Schramm ganz von vorn. Auf den Rahmen schraubte er fünf Millimeter dickes Sperrholz. Darauf kamen Spanplatten von drei Millimetern Stärke als Fahrbahngrundlage. Nun wurde es knifflig: Mit viel Geduld sägte Schramm aus den Spanplatten zwei schmale Kanäle für die Verlegung der Neun-Millime-

Daß hier Züge halten, wissen auch nur Einheimische. Kein Schild weist auf die Zugangsmöglichkeit zur Eisenbahn hin, aber die Ortsansässigen kennen sich aus und warten gelassen auf den herannahenden Zug.

Abenteuer Ortsdurchfahrt: Das malerische Kopfsteinpflaster hat seine Tücken, insbesondere für Radfahrer. Dementsprechend »wackelig« klappert der Pedalritter durch Neumühlach.

ter-Schmalspurgleise heraus. Das war nötig, um die Bimmelbahn überzeugend im Planum fahren zu lassen.

Eine Lage Gips, auf die Spanplatten aufgebracht, gab eine gute Grundlage für den Pflasterer ab. Statt mit einem Holz- oder Gummihammer bewaffnete sich unser Hoch- und Tiefbauer allerdings mit einer Kleinbohrmaschine. Flugs einen Nabel eingespannt, stand dem Einfräsen der Pflasterstruktur nichts mehr im Wege. Nach demselben Prinzip entstanden die Ufermauern beiderseits des kleinen Flüßchens und die den Kirchhof umge-

bende Stützmauer. »Sand und etwas Grünzeug« streute Schramm auf den noch feuchten Gips am Ufersaum. Gießharz von Faller füllte den Flußlauf. Grasfasern und Streuflocken simulieren die Bodendecker der Grünflächen. Beim hochständigen Bewuchs entschied sich Pflanzer Schramm für Bäume aus MZZ-Astwerk und Noch-Blättern sowie für Büsche aus Heki-Flor und Noch-Foliage. Schüler und Studenten sind fast immer knapp bei Kasse. So war Schramms wichtigstes Baumaterial für die stilechten Häuser schlichter Kartonrücken von alten Zeichenblöcken. Doch

Angesichts der durchaus großen Lokomotive tut der »Goggo«-Fahrer gut daran, das Straßenschild ernst zu nehmen.

»Stellet Se sich vor, s' Rickele hot scho wieder ihr Kehrwoch net g'macht...« Die Gespräche am Gartenzaun gehören zu Schwaben wie Spätzle und Maultaschen.

das ist den Endprodukten nicht anzusehen.
Aus Pappe, Balsaholz, Streichhölzern und Gips zauberte der Bietigheimer seine schmucken Kleinstadthäuschen. Bei den verputzten Fachwerkbauten bildet Karton die Hauswände. Auch die Fenster schnitt der Modell-Baumeister überwiegend aus Kartonstreifen zu.. Stoffreste mußten als Gardinenschmuck herhalten.

Streichhölzer und Balsaholzstreifen geben ein vorzügliches Fachwerk ab, stellte der experimentierfreudige Studiosus fest. Die Gefache füllte er zwar nicht mit Flechtwerk samt Lehmbewurf, doch Gips erfüllt denselben Zweck. Schwarze und braune Farbe verleiht dem Fachwerk das realistische Aussehen. »Aber erst, nachdem der Gips getrocknet ist«, rät Schramm Nacheiferern zu Geduld.

Aus Gips sind auch die wie echt gemauert wirkenden Untergeschosse der Fachwerkgebäu-

de, die sogenannten Steinwerke. Lediglich bei der Mühle griff der eifrige Häuslebauer auf Merkur-Styroplastplatten zurück. Ritztechnik und farbliche Gestaltung des Mauerwerks verstärken den individuellen Charakter der Neumühlacher Altstadtbebauung.

Die Dächer sind zwar Industrieware, doch ein bißchen Wasser- und Dispersionsfarbe sowie die trefflichen Strommasten wirken Wunder. »Die Strommasten bestehen aus Zahnstochern«, schmunzelt Schramm. Das Bohren der Löcher für die Drahttraversen erforderte zweifellos eine ruhige Hand. Die aufgesetzten Isolatoren, von Brawa-Telegrafenmasten demontiert, verband der Tüftler mit Beilauffaden – natürlich erst nach dem Dioramen-Finish.

Kein Wunder, daß sich die Preiserlein in solcher Umgebung heimisch fühlen. Da stimmt einfach alles, vom Scheitel bis zur Sohle, von

»Am Brunnen vor dem Tore...« Schwäbische Idylle wie aus dem Bilderbuch vermittelt der kleine Platz mit dem Dorfbrunnen in Neumühlach.

Es hupt und rumpelt, und der Radfahrer wird nervös. Kein Wunder, denn von hinten droht Gefahr in Gestalt der V 51, die mit ihrem täglichen Güterzug Neumühlach erreicht hat und nun mit lautem Getöse durch die enge Dorfstraße quietscht.

der Stromleitung bis zur Mühlkanalschleuse. Da darf Hansi Häberer die Post noch mit der Isetta anliefern. Da haben Lisa Schoch und Erna Schaufele, die fleißigen Waschfrauen, Zeit für einen Plausch. Erna Greiner radelt übers Kopfsteinpflaster, daß es nur so scheppert. Derweil behält Theobald Feierabend von seinem Ausguck im ersten Stock das Kleinstadtleben im Auge. Man weiß ja nie, schon gar nicht bei einem humorigen Stadtgründer wie diesem Riesen Jörg Schramm.
Karlheinz Haucke

Eine Dampflok war in Neumühlach schon damals kein alltäglicher Anblick mehr, daher bleibt der Passant auch stehen und genießt das seltene Schauspiel.

Noch einmal macht die V 51 ihre Runde und überquert den Mühlenbach auf der kleinen Brücke – und wie es der Zufall will, stellt sich ihr wieder der »Goggo«-Fahrer in den Weg.

»Hano, dei Wäsch isch aber blitzsauber gworda...« Ein Glück, daß der im Hintergrund vorbeirumpelnde Dampfzug nicht rußt, sonst wäre es bald vorbei mit der blütenweißen Herrlichkeit.

Jetzt wird's eng – neugierig schauen die Neumühlacher zu, wie der Dampfzug langsam an dem LKW vorbeischleicht. Ob er wohl durchpaßt?

Alles im Blick: Vom Fenster seiner guten Stube aus hat der ehrenwerte Herr alles unter Kontrolle.

Bald ist Feierabend. Mit dem letzten Zug des Tages zuckelt V 51 901 durch die Straßen von Neumühlach. (Alle Aufnahmen: Uwe Lechner)

Schwer auf Draht in H0

von Hartmut Lange

Gespannte Erwartungen

(aus: meb 11/98)

»Der Bügel muß bei mir an der Strippe anliegen« – eine funktionsfähige Oberleitung ist für Dieter Bürger das Wichtigste bei seiner H0-Anlage. Von Pantographen, die im Millimeterabstand unter dem Fahrdraht festgebunden sind, hält der Modellbahner aus Eversen bei Buxtehude nichts: »Sonst ist es doch keine richtige Oberleitung.«

Was sich wie ein einfaches Anliegen anhört, erwies sich nicht allein wegen seiner Größe als ein anspruchsvolles Projekt; immerhin mißt die fertiggestellte Anlage in der Länge stattliche achteinhalb Meter. Auch der Ort, an dem der passionierte Pfeifenraucher seine Ideen umsetzen wollte, bereitete Probleme – im Wintergarten seines Hauses. Die Wahl machte nicht nur wegen des Raumklimas einige Schwierigkeiten, sondern gefährdete auch den häuslichen Frieden. Nicht jedem Haushaltsvorstand leuchtet sogleich ein, warum dort, wo Pflanzen dem Besucher Ruhe und Erholung schenkten, fortan die Modellbahn für die Entspannung sorgen soll. Eine knifflige Aufgabe für den begeisterten Hobby-Jäger mit eigenem Revier: Geschickt teilte er den Anlagenbau in zwei Abschnitte und eroberte den Wintergarten schrittweise.

Bei Planung und Bau der Anlage für das Zweileiter-Gleichstromsystem hatte Dieter Bürger kein besonderes Thema vor. »Technik und Fahrspaß sind für mich von großer Bedeutung«, bekennt er und erklärt sein unorthodoxes Konzept mit den Worten: »Gefahren wird, was Spaß macht und die Hersteller so bieten«. Uns so rollen 62 003 und die »Schöne Württembergerin« genauso über seine Anlage wie die Altbau-E-Lok E 17 oder der neueste Renner der DB AG, die Baureihe 101. Alle Loks

Welch ein Zusammentreffen! Die »schöne Württembergerin« 18 137 trifft in Schwarzburg auf die »kleine 01«, die Einheitslok der Reihe 62.

Viel Betrieb herrscht an der Holzverladung, die natürlich nicht mit Fahrdraht überspannt ist, sodaß hier die V 60 ihr angestammtes Refugium hat..

haben auf der Anlage viel Bewegungsfreiheit, denn der Gleisplan ermöglicht zwischen den Bahnhöfen Schwarzburg, Bonn, Steinheim und Schönwies dank zweier Kehrschleifen praktisch endlosen Fahrbetrieb. Auf eines achtet Dieter Bürger aber in jedem Fall: Ob Epoche III, IV oder V, stets ist eine stilreine Garnitur unterwegs. Genügend Abstellfläche für die zahlreichen Züge bietet ein großer Schattenbahnhof, der über zwei Rampen angeschlossen ist.

Auf ausgefallene Art und Weise sind Schönwies und Schwarzburg miteinander verbunden. Beide Stationen liegen auf zwei verschiedenen Anlagenteilen mit begehbaren Zwischenraum. Um eine direkte Fahrt zwischen den Bahnhöfen zu ermöglichen, gleichzeitig aber einen freien Durchgang zu haben, entschied sich Dieter Bürger für den Bau einer Klappbrücke mit dem Scharnier einer Küchentür an einer Seite. Die Konstruktion bewährte sich, sorgte aber auch für den Verlust einiger Fahrzeuge: »Ab und zu schepperte es hinter meinem Rücken, wenn ich wiedereinmal vergessen hatte, die Brücke zu schließen«, erinnert sich der Modellbahner schmunzelnd. Um die Fahrt in den Abgrund zu verhindern, baute der 58jährige eine Weiche so um, daß sie die Brücke erst freigibt, wenn diese geschlossen ist. Die Schaltung bereitete dem Tüftler keine Schwierigkeiten, denn er ist von Beruf Fernmeldeingenieur.

»Weil mich der Fahrdraht und die elektrische Ausrüstung stärker interessieren, bilden Landschaftsbau und Gestaltung keinen Schwerpunkt«, gesteht der Modellbahner. Dieses Understatement widerlegen zahlreiche liebevoll gestaltete Szenen auf der Anlage. Da macht Fiete neben seinem Bauwagen eine kurze Frühstückspause, der Wagenkasten eines ausgedienten Zweiachsers dient einigen Bahnarbeitern als Aufenthaltsraum. Und auch die Szenerie am Sägewerk aus dem Vollmer-Sortiment ist mit sicherem Blick für Detail und

Kontraste: Der alte Preuße im Vordergrund hat auch schon bessere Tage gesehen und fristet ein etwas kümmerliches Dasein als Aufenthaltsraum zwischen den Gleisen. Immerhin dient er, wenn auch ohne Fahrwerk, noch immer der Eisenbahn.

Spielwert arrangiert. Der Betrieb läuft allerdings niemals ohne Zettel, denn Dieter Bürger steuert seine Anlage digital. Wenn er rangieren oder fahren will, muß er zunächst lesen. Auf Listen stehen die Adressen von Loks, Weichen und Signalen. Bei Mehrzugsystemen ist der Techniker ein alter Hase, immerhin nutzt er auf seiner Anlage bereits die dritte Steuerung. Den Anfang machte das Philips-Analog-System, dem Märklin-Digital für Gleichstrom folgte. Seit drei Jahren steuert der 58jährige den umfangreichen Betrieb mit Geräten und Dekodern aus dem Hause Lenz. Beim Gleisbau verwendete Dieter Bürger das Flexgleis von Roco mit einer Höhe von 2,5 Millimetern. Aus demselben Sortiment stammen fast alle Weichen, vereinzelt finden sich auch solche aus früher Pilz-Produktion.

Der gesamte Gleiskörper ist durchgehend geschottert. Das bedeutete viel Arbeit, denn die Gleislänge auf der Anlage mißt stolze 130 Meter. Dafür hat der Modellbauer die Gleise nicht mit Kork oder Gummi unterfüttert: »Mir ist es wichtig, die Fahrgeräusche zu hören.« Für Dieter Bürger war es selbstverständlich, daß er alle Gleise auf seiner Anlage einfärbte. Dies geschah mit der Spritzpistole: »Die sogenannte Airbrush-Technik erfordert einige Übung, aber mit etwas Routine erleichtert dieses Verfahren die Arbeit sehr«, erläutert der versierte Modellbauer.

Deshalb nutzte er das Verfahren auch gleich für die Masten der Oberleitung; nur die Fahrdrähte strich er mit dem Pinsel. Mit der Airbrush-Pistole alterte er auch einige Gebäude- und Wagenmodelle. Doch bei seinen Loks gefällt Dieter Bürger das fabrikneue Aussehen noch immer am besten. Über 125 Meter seines H0-Fahrweges hängte Dieter Bürger eine Sommerfeldt-Oberleitung, nur fünf Meter Gleis erhielten keinen Fahrdraht. Das ehrgeizige Projekt forderte den Techniker heraus. Die Erwartungen an die Strippen waren gespannt. Weil die Bügel seiner E-Loks

Man darf alles nicht so verbissen sehen. Ein Blick über die elegant geschwungenen Bahnsteige des Bahnhofs Schwarzburg mit der wartenden württembergischen C. Im Hintergrund rollt eine 143 über die Gleise – die Modellbahn macht es möglich.

während der Fahrt problemlos am Fahrdraht anliegen und sich nicht plötzlich an Unebenheiten aufhängen sollen, entwickelte der Tüftler seine eigene Technik: »Ich stellte beim Löten eine Lok mit aufgebügelten Pantographen unter den jeweiligen Draht, so hat er gleich die richtige Spannung«. Große Probleme bereiteten Dieter Bürger die Temperaturschwankungen, die im Wintergarten übers Jahr verteilt herrschen. Während im Sommer tropische Hitze Gleise und Oberleitung ausdehnt, sorgt im Winter der Frost für das Gegenteil.

Bei seinen Flexgleisen feilte der Ingenieur deshalb die Stoßstellen schräg an, um extreme Spannungen zu vermeiden. »Ohne solche Schienenstöße wäre es zwar schöner, aber kein Nagel oder Klebstoff hält diese Spannungen«, erklärt der Praktiker. Eine besonders ausgefallene Lösung erforderte die Klappbrücke, weil sich die beiden gegenüberliegenden Anlagenteile gegeneinander verschieben. Der Tüftler baute ein Weichenzungenpaar um und befestigte es auf einem festen Anlagenteil als beweglichen Übergang.

Für den notwendigen Ausgleich bei der Oberleitung sorgen zahlreiche Radspannwerke, die über die Anlage verteilt sind. Nur in einem Punkt ist Dieter Bürgers Fahrdraht keine echte Oberleitung, denn die Loks erhalten ihren Strom aus dem Gleis. »Wegen der hohen Luftfeuchtigkeit oxidiert der Kupferdraht«, bedauert, er, fügt aber lächelnd hinzu: »Diesen kleinen Mangel gleicht das Erlebnis Oberleitung wieder aus«.

Hartmut Lange

Bahnvergnügen erster Klasse: Lauter hochkarätige Züge geben sich auf diesem Bild ein Stelldichein, nur der RegionalExpreß im Vordergrund paßt nicht so recht zu den komfortablen Fernzügen.

Auf einen Blick

HO-Heimanlage

Nenngröße: H0

System: Zweileiter-Gleichstrom

Steuerung: Lenz Digital plus ohne PC-Programm; Weichen über vier Schaltpulte und Arnoldtaster

Thema: kein spezielles, deshalb flexibler Fahrzeugeinsatz von E 18 bis BR 101 sowie zahlreicher Dampfloks.

Epoche: III-V

Erbauer: Dieter Bürger

Anlagenform: Wandanlage im Wintergarten, die in zwei Bauabschnitten entstand

Schenkelbreite: 0,75 - 1 Meter

Unterbau: Rahmen aus Holzleisten und Sperrholzplatten

Gleismaterial: 2,5mm-Roco

Gleislänge: 130 Meter

Oberleitung: Sommerfeldt

Fahrdrahtlänge: 125 Meter

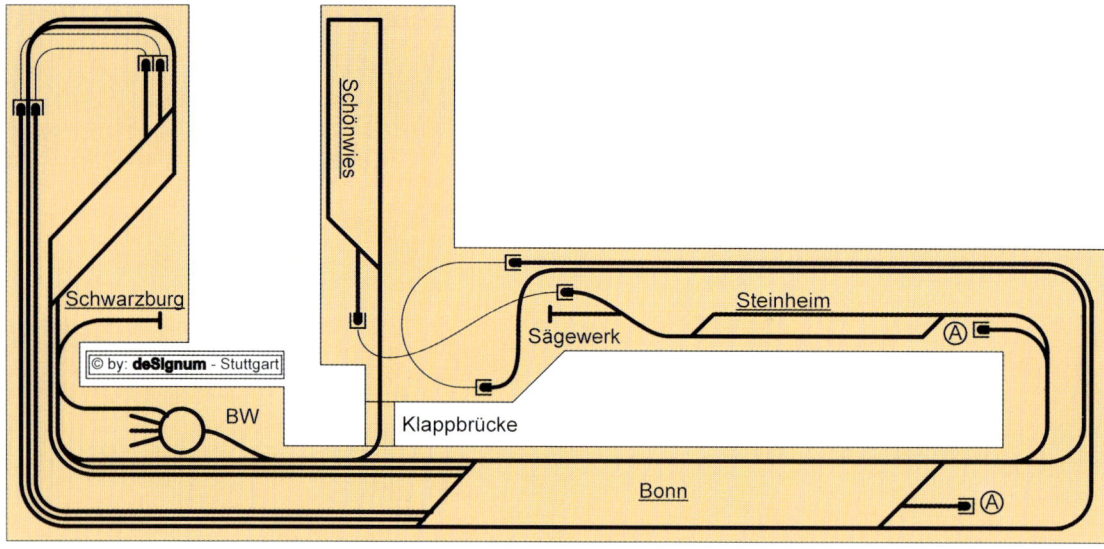

Der Bahnhof Steinheim wird nur im Nahverkehr bedient, der Fernverkehr rauscht auf erhöhter Trasse achtlos an dem schmucken Bahnhof vorbei. Und so wird auch kaum ein TEE-Fahrgast von dem sehenswerten 1 1/2-Decker und dem nicht minder interessanten Post-LKW Notiz genommen haben.

»Bike and ride« – im überdachten Fahrradständer am Bahnhof sind die Zweiräder bis zum Abend gut aufgehoben.

Die moderne Bahn: Auch wenn es nicht so aussieht, auf diesem Bild sind zwei verschiedene DB-Farbschemata vertreten.
Die Regionalbahn sowie die IC-Wagen präsentieren das bereits wieder überholte Schema, das je Produkt einen anderen
Anstrich hatte. Die 101 hingegen rollt bereits im aktuellen Verkehrsrot über die Strecke.

Hier wird gebaut. Eine Betriebspause
nutzen die Arbeiter zu dringend nötigen
Erneuerungsarbeiten am Gleiskörper.

Immer wieder verirren
sich auch ausländische
Gäste auf die Gleise
rund um Schwarzburg.
Eine ÖBB-1044 rauscht
mit einem EuroCity
unter dem sehenswerten
Reiterstellwerk hindurch.

Ebenfalls ein Reiterstellwerk, aber von etwas anderer Bauart, passiert gerade eine »Rheingold-E 10« mit passender Garnitur.

Eine moderne 101 der DB AG erklimmt mit ihrer IC-Garnitur die Rampe zur Kehrschleife. Im Vordergrund steht das Vollmer-Sägewerk.   (Alle Aufnahmen: Uwe Lechner)

Das Sinnbild der modernen Eisenbahn: Der Fahrdraht, früher als Verschandelung der Landschaft verschrien, ist von heutigen Bahnanlagen nicht mehr wegzudenken.

»Morgens halb zehn in Deutschland«: Auch Fiete macht an seinem Bauwagen Pause, während der VT 11.5 hinter ihm vorbeirollt.

Der Schwarzwald in Spur N

von Uwe Lechner

Naturfreunde

(aus: meb 3/99; 5/99)

Mit 36 Tunneln und zwei großen Kehrschleifen bietet die Strecke von Hornberg nach Sommerau zahlreiche Motive, die das Eisenbahnerherz höher schlagen lassen. Aber auch der Rest der Schwarzwaldbahn von Offenburg nach Singen am Hohentwiel (KBS 720) geizt nicht mit optischen Reizen. Kein Wunder also, daß sich die Mitglieder des N-Bahn-Clubs Ortenau e.V. (NBCO) diese Strecke als Vorbild genommen haben – liegt der Schwarzwald doch vor ihrer Haustüre.

So gesehen beginnt die Geschichte des NBCO viel früher, denn bereits Mitte der 50er Jahre des vorigen Jahrhunderts kursierten die ersten Pläne, den Schwarzwald mit dem neuen Verkehrsmittel Eisenbahn zu erschließen. Die Topografie des Mittelgebirges machte es den zuständigen Fachleuten aber nicht gerade leicht, die Strecke von Offenburg nach Singen zu trassieren. Erst 1862 fiel die Entscheidung, die Bahn über Triberg und Sommerau zu bauen. Dabei galt es, zwischen den Orten Hornberg und Sommerau, die in Luftlinie nur elf Kilometer auseinanderliegen, knapp 448 Meter Höhenunterschied zu überwinden. Der geniale Eisenbahningenieur Robert Gerwig löste dieses Problem mit zwei großen Kehrschleifen und zahlreichen Tunneln. Die Bauarbeiten zogen sich von 1865 bis 1873 hin. Die nächste große Veränderung erlebte die Schwarzwaldbahn 1977, als die Elektrifizierung abgeschlossen wurde. Gut 17 Jahre später gründeten zwölf Modellbahner den NBCO. »In der Ortenau, der Gegend um Lahr und Offenburg, gab es genügend Möglichkeiten, sich im Verein mit

Eleganz auf Schienen: Der VT 11.5 zählte zum Feinsten, was die DB je auf die Gleise brachte. Mit ihm wurde Bahnfahren zum Genuß, zumal, wenn es über die landschaftlich einzigartige Schwarzwaldbahn ging.

Jahrzehntelang die Schwarzwaldlok schlechthin war die P 10. Mit einem Eilzug rollt die bestens gepflegte Maschine über eine kleine Straßenbrücke, doch die Fahrleitungsmasten künden bereits von ihrem nahen Ende.

Wachablösung: Mit der V 200 hielt die Dieseltraktion auf der Schwarzwaldbahn Einzug und verdrängte König Dampf. Auf der selbstgebauten Glasträgerbrücke begegnen sich die beiden Kontrahenten.

Momentaufnahmen am Übergang der Bundesstraße: Zunächst brummt eine V 90 mit ihrem Kesselwagenzug heran.

Kurz darauf rauscht in der Gegenrichtung der VT 11.5 über die Strecke und bringt zahllose Urlauber in die Ferienregion Schwarzwald.

Glückliche Kühe auf saftigen Wiesen gibt es nicht nur im Allgäu. Mit viel Liebe zum Detail haben die Modellbahner aus der Ortenau ihre Module gestaltet.

Auf einen Blick

N-Modulanlage nach Motiven der Schwarzwaldbahn

Größe: 65 Module mit unterschiedlichen Ausmaßen

Erbauer: Mitglieder des N-Bahn-Clubs Ortenau e.V.

System: Zweileiter-Gleichstrom

Epoche: V

Gleismaterial: Peco Code 55

Rollendes Material: Verschiedene Zuggarnituren der Epochen III bis V, wahlweise mit Dampf-, Diesel- oder E-Loks bespannt.

Besonderheiten: Für die Nachbauten der verschiedenen Geländeformationen haben die Clubmitglieder vier verschiedene Profilformen für die Module festgelegt.

Betrieb: vollautomatische Blocksteuerung System Lauer, Bahnhofsmodule können separat gesteuert werden

Bauzeit: ca. 4 Jahre

Vorbild: Schwarzwaldbahn zwischen Offenburg und Singen

Jahrelang konnte man den schönsten Teil der Schwarzwaldbahn planmäßig mit dem Schienenbus erfahren und dabei dem Lokführer über die Schulter schauen. Bei dem sonnigen Wetter hat Familie Krause es allerdings vorgezogen, am See zu baden, anstatt im heißen Schienenbus zu »rösten«...

der kleinen Bahn zu beschäftigen. Für Fans der Nenngröße N aber war das Angebot dünn«, erzählt der erste Vorsitzende Werner Friedemann. Für den gelernten Mechaniker-Meister und seine Mitstreiter blieb nur eines: Man mußte selbst etwas auf die Beine stellen. Etwas Besonderes sollte es sein, ohne große Kompromisse. Inzwischen zählt der Club 28 Mitglieder, zwölf davon sind aktive Bauherren.

Eines der Ziele stand von Anfang an fest: Es sollte keine stationäre Vereinsanlage werden. »Wir wollen das vielseitige Hobby dem interessierten Besucher an verschiedenen Orten präsentieren«, erklärt der beinahe 60jährige, »und dazu eignet sich nur die Modulbauweise«. Auf verschiedenen Ausstellungen mußten die Anlagen anderer Vereine den kritischen Blicken der Ortenauer Modellbahner standhalten. Mit dem, was sie gesehen und in zahllosen Gesprächen erfahren hatten, erar-

beiteten sie sich ihr eigenes Konzept. Das Ergebnis ist sogar in einem eigens angefertigten Handbuch festgehalten.

Das erste Problem, das es zu lösen galt, betraf die Form der Seitenteile der Modulkästen. Vorhandene Normen, wie zum Beispiel von Fremo, waren für das Projekt »Schwarzwaldbahn« ungeeignet. Denn um den Streckenabschnitt von Offenburg bis Sommerau nachzubilden, mußten die N-Fans insgesamt vier Profilformen festlegen. Für die hoch aufragenden Hänge im Bereich der Steigungsstrecke zwischen Hornberg und Sommerau ist die Variante A gedacht. Bei ihr steigt das Gelände hinter dem Bahndamm steil an. Für das Vorland des Schwarzwaldes zwischen Hausach und Hornberg eignet sich die Variante B, bei der immer noch ein respektabler Hügel neben der Trasse liegt. Bei der dritten Ausführung für den Talverlauf zwischen Offenburg und Hausach fällt die Landschaft beiderseits des

Das waren noch Zeiten, als es auf der Schwarzwaldbahn noch dampfgeführte Güterzüge gab. Mit einem langen Zug verläßt die 50er einen der zahlreichen Tunnel der süddeutschen (Modell-) Gebirgsbahn.

Die gesamte Anlage des Schotterwerkes im Überblick. Die Gebäude der Fabrik entstanden komplett im Selbstbau.

Bahndammes ab. Zu guter Letzt gibt es noch eine ebene Profilform für Bahnhöfe oder Wendemodule.

Aber nicht nur zu den Landschaftsformen mußten sich die zwölf Modellbahner Gedanken machen. Denn wenn eine Anlage aus verschiedenen Segmenten ein einheitliches Bild abgeben soll, müssen noch weitere Rahmenbedingungen festgelegt sein. So einigten sich die Ortenauer nicht nur auf ein Gleissystem, sondern auch auf eine einheitliche Rost-Farbe der Schienenprofile. »Wir wollten keinen Kompromiß eingehen«, erläutert Werner Friedemann. »Das Code-55-Gleis von Peco sieht toll aus und bereitet im Fahrbetrieb keine Probleme. Weichenwinkel über 15 Grad sind ebenso tabu wie sichtbare Weichenantriebe«. Nicht nur die Farbe der Schienenprofile ist festgelegt, sondern auch die der Grasfasern – zumindest an den Übergängen. »Wenn jeder andere Materialien verwendet, dann stoßen immer wieder verschiedene Grüntöne aneinander. Damit erzielt man keine einheitliche Wirkung«, lautet die Begründung von Werner Friedemann. Deshalb hat sich der NBCO für ein Sorte von Busch entschieden. Auch bei der Jahreszeit existiert eine vereinsinterne Vorschrift: »Bei uns ist Sommer, blühende Bäume und Herbstlaub sind also fehl am Platz. Solche Einschränkungen sind notwendig, denn es gibt entlang der Strecke fast nur Wald und Wiesen«, erläutert der erste Vorsitzende die strengen Auflagen.

Dieser Aufwand macht allerdings nur Sinn, wenn auch die Trennstellen der Schienen unsichtbar sind. »Wir brauchen kein Übergangsgleis oder sonstige Hilfen. Die Schienen liegen Stoß an Stoß, ohne Verbindungslasche. Und alles ist so präzise gefertigt, daß nicht einmal die Fahrzeuge ruckeln, wenn sie über die Trennstelle rollen«, schildert der erste Vorsitzende voller Stolz die gefundene Lösung.

Mit sicherem Gespür hat Werner Friedemann den Alltag im Schotterwerk eingefangen. Dazu gehört auch der defekte LKW und die umtriebige Raupe.

Vor den mächtigen Industriebauten wirkt der 628 vorbildgetreu unscheinbar.

Nicht alle Transporte werden per Bahn abgewickelt. Für Kunden im näheren Umkreis ist der LKW zumeist die kostengünstigere Alternative.

Großen Aufwand treiben die Mitglieder des NBCO dabei aber nicht, denn die Gleise liegen auf einer drei Millimeter starken Korkbettung, diese wiederum auf dem Trassenbrett. Nur für den Transport der Module gibt es passende Schutzbretter für die Gleisenden.

Die Epoche ist ein entscheidendes Merkmal für eine Modellbahnanlage. Um ein möglichst breites Fahrzeugspektrum einsetzen zu können, entschieden sich die N-Bahner für die Zeit um 1993. Trotzdem verkehren auf den Modulen zahlreiche Dieselfahrzeuge, dampfbespannte Züge und sogar der ICE, Museumsbetrieb und Sonderfahrten machen es möglich. An der gesamten Strecke stehen Oberleitungsmasten – einheitlich eingefärbt, versteht sich. Auch für die Position der Masten gibt es eine vereinseigene Richtlinie. Den Fahrdraht muß sich der Betrachter dazudenken, denn er fehlt aus transporttechnischen Gründen.

Auf den ersten Blick scheint es, daß das umfangreiche Regelwerk die Kreativität ein-

schränkt. Die Module aber beweisen das Gegenteil. Andreas Tschiedel zum Beispiel hat sich die drei bekannten Glasträger-Tunnel als Motiv ausgesucht. »Der Längste mißt nicht einmal 44 Meter, das läßt sich in N noch vorbildgetreu umsetzen«, gibt er als Grund an. Und das ist ihm hervorragend gelungen. Die Glasträger-Brücke ist ein Eigenbau aus Messing-Profilen von Brawa. »Das Wohnhaus stammt von Vollmer und sieht dem Vorbild ziemlich ähnlich. Wäre aber auch kein Problem gewesen, es selber zu bauen«, erklärt der Sozialarbeiter.

Selbstgefertigt ist auch der Reichenbachviadukt, der zwischen dem Rebbergtunnel und dem Bahnhof Hornberg liegt. Ein Plan des 150 Meter langen und 24 Meter hohen Bauwerkes aus dem Jahre 1923 diente als Vorlage. Die Ausmaße waren aber auch in Spur N zu üppig, so daß die Brücke im Modell etwas kleiner ausfällt. Als Baumaterial diente Pappelsperrholz, Plakatkarton für die Rundbögen und

Zeitreise: Eine P 10 ist mit ihrer stilechten Garnitur auf dem Weg durch den Schwarzwald.

handelsübliches Mauerpapier. Noch ist der Viadukt nicht ganz fertig, fehlen doch die Bogensteine, das Geländer und die vorbildgetreuen Gitter-Querträger der Oberleitung. Bei den Empfangsgebäuden blieb den Ortenauern nichts anderes als der Eigenbau übrig. Die Bahnhöfe Hornberg, Triberg und Steinach sind bereits fertig, Offenburg und Hausach erst im Rohbau. Hier wartet noch viel Arbeit auf die N-Bahner.

Neben der regen Bautätigkeit steht natürlich auch der Fahrbetrieb auf dem Programm. Immerhin 55 der insgesamt 65 Module sind fertig durchgestaltet, so daß bei Ausstellungen reger Betrieb auf der Anlage herrscht. Gefahren wird mit Blocksicherung – wie bei der großen Bahn. Die Schaltung stammt von der Firma Lauer und hat sich an zahlreichen Fahrtagen ausgezeichnet bewährt. Einmal allerdings schlich sich ein Fehler ins System und legte die Anlage still. Trotz fieberhafter

Suche wollte sich nichts mehr bewegen. Als plötzlich alles wieder funktionierte, fielen den aufgeregten Modellbahnern einige Steine von den Herzen. Bis heute weiß aber niemand, was die eigentliche Ursache war. Was bleibt, ist die Hoffnung, daß dieser Fehlerteufel jetzt ein für allemal verschwunden ist.

Die Anlage überzeugt durch ihre großzügige Streckenführung sowie durch zahlreiche kleine Details – und nicht zuletzt durch den Wiedererkennungswert einiger markanter Punkte des großen Vorbilds, der Strecke zwischen Offenburg und Singen. Einer davon liegt zwischen Steinach und Haslach: »Schau 'mal, das ist doch das Kieswerk bei Steinach, oder?« Diese Frage haben Werner Friedemann und seine Teamkollegen oft gehört. Der 59jährige freut sich über jede Bemerkung dieser Art, denn schließlich ist er der Erbauer des »Schotterwerkes Uhl« und der dazugehörigen Anlagen. Das Werk verfügt über einen eigenen

Einige Wochen später war die P 10-Herrlichkeit zu Ende. Die V 200 hat ihre Nachfolge angetreten und präsentiert sich mit demselben Zug in den weitgeschwungenen Kurven der NBCO-Schwarzwaldbahn.

Das größte Brückenbauwerk der Schwarzwaldbahn im Vorbild wie im Modell ist der Reichenbachviadukt in Hornberg. Im Bild befährt die DB-Museumslok 23 105 mit dem Sonderzug »Deutsche Weinstraße« das nach einem Originalplan von 1923 im Eigenbau entstandene Bauwerk. (Alle Aufnahmen: Uwe Lechner)

Gleisanschluß zum Abtransport des Materials, der vom Bahnhof Steinach aus bedient wird. Diesen hat der Mechaniker-Meister Friedemann auch nachgebildet.

Das Grundmodul für das Schotterwerk ist einen Meter lang und 50 Zentimeter breit. An der Rückseite schließt sich das 30 Zentimeter tiefe Adaptermodul mit dem Steinbruch an. Diesen hat der begeisterte N-Bahner aus Styrodur-Platten nachgebaut. Um die terrassenförmige Anordnung der Felsen und die Struktur des Granit-Gesteins möglichst gut nachbilden zu können, hat er zahlreiche Fotos des großen Vorbilds geschossen.

Auf dem Grundgerüst aus Styrodur befindet sich eine bis zu drei Zentimeter starke Schicht Alabaster-Gips. Mit dem Stechbeitel und einem scharfen Messer ritzte Werner Friedemann die Strukturen in den Gipsfelsen ein. Danach ließ er das ganze Werk mit Tiefgrund aus dem Baumarkt ein. Bei der endgültigen Farbgebung der Felsen entschied sich der Modellbahner für die Lasurtechnik. Dabei trägt man die Farbe mit dem Pinsel auf einer kleinen Fläche auf und wäscht sie sofort mit einem feuchten Schwamm aus. So bleibt in den Vertiefungen etwas mehr Farbe und die Felsstruktur tritt deutlich hervor. Als Abschluß erhielten die Felskanten noch einen Hauch weißer Plaka-Farbe. Die kleinen Felsstücke, die überall im Steinbruch liegen, stammen übrigens aus dem »Abraum«, der beim Bearbeiten der Gipsfelsen entstand.

Bei den Gebäuden für das Schotterwerk kam nur der komplette Selbstbau in Frage. Als Vorlage dienten wieder die Fotos. Nach ihnen fertigte Werner Friedemann die Bauten aus Polystyrolplatten und Furnierholz. Die filigranen Fensterrahmen entdeckte er auf der Dortmunder Messe, die passenden Baufahrzeuge bei Korsten-Modelle in Mönchengladbach.

Die Förderbänder dagegen bereiteten dem Modul-Fan einiges Kopfzerbrechen. »Zuerst wollte ich sie löten, das wäre aber zu aufwendig gewesen«, erzählt er von den Anfängen. Die Wahl fiel auf Acryl-Stäbe, die ein Gitter-Muster aus Tusche erhielten. »Dann war da noch das Problem mit der Wellblechabdeckung. Sie ruht beim Vorbild auf Metallstützen. Nach langem Suchen habe ich dann Heftklammern gefunden, die genau paßten«,

erklärt Werner Friedemann. Der umtriebige N-Bahner ist noch lange nicht fertig: »Ein paar Verlade-Anlagen fehlen noch und außerdem möchte ich eine Pendelautomatik einbauen, damit auch etwas Eisenbahn-Betrieb am Schotterwerk herrscht«. Kaum zu glauben, daß der letzte Schliff erst noch kommt.

Inzwischen zeigt das Modul sogar ein Stück Geschichte, denn der kleine Bauhof neben dem Steinbruch ist im Original verschwunden.

Für reges Verkehrsaufkommen sorgt das Schotterwerk Uhl, das im unteren Teil der Bahn bei Haslach direkt neben den Gleisen liegt. Die Bedienung versieht eine V 60.

Dort lagern heute verschiedene Kiessorten. Der Vorsitzende des NBCO hat viel Lob für sein »Schotterwerk Uhl« geerntet, einmal sogar aus äußerst berufenem Munde. Bei einer Ausstellung stand ein Mann vor dem Modul und inspizierte es ausgiebig. »Haben sie das gebaut«, lautete die Frage. Auf das »Ja« von Werner Friedemann meinte der Herr nur: »Mir gehört das Original«. Die Begeisterung des Besitzers ging so weit, daß er das ganze Bauwerk am liebsten mitgenommen und auf seinen Schreibtisch gestellt hätte.
Uwe Lechner

Die Modellbahn-Werkstatt

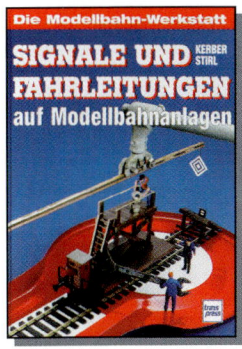